Belay Goshu

Unir a ciência e a espiritualidade: Big Bang

Belay Goshu

Unir a ciência e a espiritualidade: Big Bang

Vida extraterrestre e Astronomia Divina

ScienciaScripts

Imprint

Any brand names and product names mentioned in this book are subject to trademark, brand or patent protection and are trademarks or registered trademarks of their respective holders. The use of brand names, product names, common names, trade names, product descriptions etc. even without a particular marking in this work is in no way to be construed to mean that such names may be regarded as unrestricted in respect of trademark and brand protection legislation and could thus be used by anyone.

Cover image: www.ingimage.com

This book is a translation from the original published under ISBN 978-620-7-80735-2.

Publisher:
Sciencia Scripts
is a trademark of
Dodo Books Indian Ocean Ltd. and OmniScriptum S.R.L publishing group

120 High Road, East Finchley, London, N2 9ED, United Kingdom
Str. Armeneasca 28/1, office 1, Chisinau MD-2012, Republic of Moldova, Europe
Printed at: see last page
ISBN: 978-620-3-63431-0

Conteúdo

Dedicação

Minha querida irmã mais nova e falecida, Yeshewagete Sitotaw, O teu apoio eterno,
amor ilimitado e encorajamento sem fim têm sido a minha luz orientadora. Este
livro reflecte a sua fé em mim e os sonhos que partilhamos.
E à minha falecida esposa, Tigist Tamrat: A sua memória vive em cada palavra que escrevo.
 O teu espírito, amor e inspiração continuam a dar energia ao meu entusiasmo. Apesar de
já não estares entre nós, a tua presença é sentida em cada página, história e momento desta
viagem.
Com todo o meu coração,
Belay Sitotaw Goshu.

Reconhecimento

Este livro é a conclusão de cinco peças que escrevi utilizando materiais de cursos, seminários e artigos. O processo de transformar este livro num livro completo tem sido simultaneamente difícil e maravilhoso, e estou grato ao meu Deus por me ter guiado neste empreendimento, bem como a todos os que me ajudaram ao longo do caminho. Gostaria de agradecer sinceramente aos meus colegas e alunos da Universidade de Dawa. As vossas reflexões e comentários nos cursos e seminários foram valiosos para o desenvolvimento do conteúdo deste livro. Os argumentos e os esforços de colaboração melhoraram significativamente o material aqui disponível. Um agradecimento especial às instituições e organizações que apoiaram a minha investigação e os meus esforços académicos. Os vossos recursos e oportunidades ajudaram a moldar os componentes que constituirão a base deste livro. Estou grato a toda a minha família pelo seu apoio e encorajamento constantes. O meu pai, Sitotaw Goshu, a minha mãe, Aselefech Abaineh, a minha mulher, Birye Sheimelis, e o meu filho, Yohan Belay Sitotaw, têm sido fontes constantes de apoio e encorajamento. Este livro não teria sido possível sem o vosso encorajamento e sacrifício.

Finalmente, gostaria de agradecer aos leitores deste trabalho. O vosso interesse pela intersecção da ciência e da espiritualidade leva-me a continuar a explorar e a partilhar estes temas fascinantes.

Sobre o livro

O livro Unveiling the Cosmic Tapestry: Bridging Science and Spirituality in the Big Bang, Dark Matter, and the Search for Extraterrestrial Life, as well as the Divine Intersection of Astronomy, Religion, and Temporal Ideas, explora os paralelos fundamentais entre as descobertas científicas e as crenças espirituais. Esta extensa investigação analisa a forma como o esforço da humanidade para compreender o universo se sobrepõe aos nossos problemas filosóficos e teológicos mais fundamentais. Desde as origens do Big Bang até às forças misteriosas da matéria e energia escuras, o livro lança luz sobre os avanços científicos que transformaram a nossa visão do universo. Ao mesmo tempo, discute a forma como estas descobertas se relacionam e desafiam os pontos de vista espirituais, enfatizando a interação dinâmica dos factos empíricos e da fé.

A procura de vida extraterrestre e as consequências da descoberta de tais formas de vida são temas centrais desta história. Ao investigar a possibilidade de encontrar vida para além da Terra, o livro combina investigação científica e reflexão religiosa, perguntando como é que diferentes sistemas de crenças interpretariam uma descoberta tão histórica. Além disso, o livro investiga a função dos guardiões divinos do tempo em muitas tradições religiosas, examinando a forma como os fenómenos astronómicos moldaram as noções espirituais e temporais ao longo da história. Através desta abordagem multidisciplinar, o livro apresenta uma perspetiva rica e matizada sobre a forma como a ciência e a espiritualidade se cruzam, permitindo aos leitores obter uma melhor compreensão da tapeçaria cósmica que nos liga a todos.

Capítulo 1

TERRA: O NEXO DE CIÊNCIA, ESPIRITUALIDADE E CONFLITOS SOCIAIS

Resumo

A Terra é um centro de convergência da ciência, da espiritualidade e das dinâmicas sociais que moldam o nosso conhecimento do planeta e do seu futuro. Nesta investigação multidisciplinar, analisamos a forma como estes aspectos estão relacionados e o que isso significa para a sustentabilidade e a gestão ambiental. Revelamos a intrincada relação entre a atividade humana e os ecossistemas da Terra, sublinhando a necessidade premente de soluções abrangentes. Baseamos as nossas conclusões em investigação científica, crenças espirituais e pontos de vista sociais. A colaboração entre todos os domínios e empresas é necessária para resolver os problemas que o nosso planeta enfrenta, que incluem a poluição por plásticos nos oceanos, a desflorestação e as alterações climáticas. A defesa de alterações legislativas, a promoção da compreensão inter-religiosa, o avanço da educação ambiental e o apoio aos esforços de desenvolvimento sustentável podem capacitar indivíduos e grupos para enfrentar os desafios ambientais e construir uma ligação mais resiliente e pacífica com o planeta.

1.1 Introdução

O nosso planeta natal, a Terra, sempre despertou a curiosidade e a imaginação humanas. É uma tapeçaria complexa com fios de psicologia humana, ciência, espiritualidade, cultura e dinâmica geopolítica. A visão da Terra a partir do espaço dá a impressão de que se trata de um oásis delicado rodeado por enormes extensões de água, oceanos agitados e ecossistemas complexos [1]. No entanto, por detrás da sua superfície existe uma rede complexa de fenómenos e processos inter-relacionados que formam a geografia e a história humanas.

A entidade é moldada por interações e processos intrincados no seu meio envolvente. As paisagens da Terra, desde os ecossistemas microbianos até aos sistemas climáticos globais, são significativamente moldadas pela dinâmica ambiental [2]. Compreender a complexa interação entre a atividade humana e os sistemas naturais da Terra é essencial para a compreensão dos conceitos de sustentabilidade global. A Terra serve de laboratório e de objeto de estudo para compreender a dinâmica dos sistemas planetários. O estudo da geologia, da climatologia, da oceanografia e da ecologia revela conhecimentos sobre a história, as condições actuais e o futuro da Terra, resolvendo mistérios relacionados com a biodiversidade, os padrões climáticos, os processos geológicos e a dinâmica dos ecossistemas. De acordo com [3], a Terra é um pequeno ponto azul claro na vastidão do cosmos.

Os muitos processos e interações inter-relacionados que constituem a dinâmica ambiental da Terra estão no centro. Ao longo dos períodos geológicos, os processos físicos, incluindo a atividade tectónica, a erosão e a meteorização, moldam a superfície da Terra, criando formas de relevo e paisagens [5]. A vida e a biodiversidade são sustentadas por processos biológicos que geram ciclos de nutrientes e energia nos ecossistemas, desde a fotossíntese até à decomposição. Entretanto, as condições ambientais regionais e globais são influenciadas pela dinâmica atmosférica, que inclui os padrões meteorológicos, os ciclos climáticos e as correntes oceânicas. Estes factores também controlam a temperatura da Terra. A dinâmica ambiental da Terra é moldada por factores humanos

atividade humana. A deterioração generalizada do ambiente, a perda de habitats, a poluição e as alterações climáticas devidas a um rápido aumento da população, à urbanização, à industrialização e à extração de recursos. A perturbação dos ecossistemas naturais, a modificação dos ciclos biogeoquímicos e a intensificação dos riscos ambientais devido aos impactos antropogénicos constituem obstáculos significativos para a biodiversidade, a resiliência dos ecossistemas e a saúde global.

Os sistemas ambientais da Terra demonstram uma incrível resistência e adaptabilidade face aos desafios da atividade humana [6]. A sucessão ecológica, a diversidade genética e os mecanismos de retroação são processos naturais que ajudam os ecossistemas a recuperar de choques e a manter a estabilidade ao longo do tempo. Para além disso, as civilizações humanas podem contribuir para a resiliência ambiental através de esforços de conservação, práticas sustentáveis e estratégias de gestão adaptativa que dão prioridade à conservação dos recursos naturais e do serviço ecossistémico

serviços [7].

Para além do seu significado científico, a Terra tem uma importância espiritual e cultural para os seres humanos. Considerada como um objeto sagrado dotado de presença divina e de um propósito cósmico, a Terra é muito apreciada em todas as tradições religiosas e culturais amplamente difundidas. Existem numerosas referências à Terra como uma mãe amorosa, uma criação celestial e uma fonte de renascimento espiritual em escritos, mitos e ritos religiosos. Os costumes culturais, os festivais e os rituais honram a abundância, a beleza e a interdependência de todos os seres vivos da Terra [8].

A intrincada teia da dinâmica social e da psicologia humana é onde a ciência, a espiritualidade e a cultura convergem. A Terra é um espelho que reflecte as esperanças, as ansiedades e as aspirações da humanidade. Influencia as identidades, os valores e as acções individuais e sociais [9]. As percepções humanas do planeta, moldadas por narrativas sociais, experiências pessoais e crenças culturais, têm impacto nas atitudes em relação à justiça social, à preservação ambiental e à colaboração internacional [11]. Além disso, as tensões geopolíticas e as disputas sobre os recursos do planeta, as fronteiras e a gestão do clima põem em evidência a interligação entre a sociedade humana e o ambiente.

1.1.1 Declaração do problema

A Terra está na intersecção da dinâmica social, da espiritualidade e da ciência. No entanto, o nosso conhecimento das intrincadas interações entre estes campos é ainda fragmentado e inexistente. O estudo multidisciplinar da Terra como uma encruzilhada de ciência, espiritualidade e conflito social apresenta enormes problemas, apesar dos notáveis avanços no conhecimento científico e na inovação tecnológica. A fragmentação da comunidade científica impede abordagens abrangentes às preocupações globais e restringe a colaboração interdisciplinar [11]. A interpretação do significado espiritual e cultural da Terra exacerba as divisões sociais e mina os esforços para promover a compreensão mútua e a parceria entre os indivíduos [12].

Perante estas dificuldades, a desigualdade social, a deterioração ambiental e as tensões geopolíticas transformaram o planeta num campo de batalha que põe em risco a sustentabilidade, a paz e a estabilidade [13]. A deterioração do clima, as disputas territoriais e as guerras geopolíticas em torno dos recursos naturais põem em evidência a importância vital de as pessoas considerarem as suas obrigações morais e éticas para com a Terra e os seus habitantes [14]. A Terra moldou a civilização humana e é essencial para abordar estas questões complexas e interligadas. Torna os esforços colectivos para um futuro mais justo, sustentável e pacífico mais fáceis de compreender.

1.1.2 Importância do estudo

É imperativo dar resposta a preocupações globais prementes e promover uma compreensão mais profunda da interconexão da humanidade com o mundo. A investigação tem como objetivo proporcionar uma visão abrangente da Terra como nosso planeta, colmatando as lacunas entre a investigação científica, a reflexão espiritual e a dinâmica social através da sua abordagem multidisciplinar. A abordagem de questões complexas como as alterações climáticas, a perda de biodiversidade, a desigualdade social e as tensões geopolíticas exige um conhecimento integrado [5]. Ao promover a colaboração interdisciplinar e a fertilização cruzada de ideias, a investigação ajuda várias partes interessadas a comunicar e a trabalhar em conjunto para criar empatia, solidariedade e compreensão mútua. [12]

Além disso, a investigação promove a contemplação moral e ética das obrigações da humanidade para com o planeta. A próxima geração, orienta a formulação de políticas, o processo de tomada de decisões e a implementação de soluções viáveis para criar um mundo mais resiliente, justo e sustentável [14]. O estudo estimula uma mudança revolucionária, motivando as pessoas e as organizações a reconsiderar a forma como interagem com o ambiente e umas com as outras e a lutar por um objetivo comum de um futuro mais pacífico e sustentável [11].

Por conseguinte, este estudo visa investigar as interações complexas entre ciência, espiritualidade, cultura, psicologia humana e conflito estatal no âmbito da Terra como o nosso planeta, dado o significado multidimensional do planeta.

1.2 Materiais e métodos

1.2.1 Materiais

Foram utilizadas várias fontes, incluindo revistas académicas, romances, textos religiosos, objectos culturais e documentos políticos, para compilar os recursos para este estudo. Foi efectuada uma pesquisa bibliográfica exaustiva por [5, 12] para reunir recursos relevantes, tais como perspectivas científicas, espirituais, culturais e sociopolíticas sobre o nosso planeta. O exame interdisciplinar do significado da Terra na ciência, espiritualidade e dinâmica social baseou-se nestes materiais.

1.2.2 Métodos

A técnica de investigação deste estudo combina estudos de caso, análise comparativa, questões éticas e recolha de dados qualitativos. A observação participante, os grupos de discussão e as entrevistas foram alguns dos sistemas de recolha de dados qualitativos utilizados para obter pontos de vista profundos e complexos das pessoas e das comunidades [15]. Todos os participantes deram o seu consentimento informado, tendo sido tomadas precauções para garantir a sua privacidade e anonimato.

Os principais temas e noções sobre a importância da Terra em vários contextos culturais, religiosos e geográficos foram ilustrados através de estudos de casos e análises comparativas [16]. Estes estudos de casos iluminam as diversas perspectivas, valores e contestações da Terra detidas por membros de diferentes grupos. Estes estudos de caso iluminam as suas percepções, avaliações e desacordos. A análise de dados é o processo de codificação, categorização e síntese de dados qualitativos. É orientada pela teoria fundamentada e pela análise temática.

1.3 Resultados e discussões

1.3.1 Resultados

Líderes religiosos

Os líderes religiosos apresentam uma variedade de pontos de vista sobre a Terra como um ser vivo, um belo ambiente e um lar para todos os seres vivos, incluindo os humanos [12]. É frequentemente vista como uma criação sagrada dotada de presença e objetivo divinos em diversas tradições religiosas. As religiões realçam o facto de todos os seres vivos serem interdependentes e de a Terra ser uma mãe carinhosa que fornece alimento e abrigo aos seres humanos, animais e outras criaturas.

As autoridades religiosas vêem a Terra como uma dádiva inestimável de Deus que a humanidade foi encarregada de proteger e preservar. É reconhecida como uma fonte de sustento espiritual, proporcionando oportunidades para a introspeção, o renascimento e a comunhão com o divino [14]. A literatura e as práticas religiosas realçam o respeito, a gratidão e o apreço pelo ambiente natural, mencionando a riqueza, a diversidade e a beleza.

Além disso, as autoridades religiosas sublinham que os seres humanos têm obrigações morais e éticas para com o planeta e os seus habitantes. Com base nos valores de justiça, compaixão e respeito por todos os seres vivos, promovem a gestão ambiental, a conservação e métodos de vida sustentáveis [18]. Este ponto de vista sublinha a necessidade espiritual e prática de proteger e reconhecer o nosso destino partilhado com as gerações futuras e a interdependência da humanidade com a teia da vida.

A Bíblia Sagrada

O significado do planeta e a relação entre a humanidade e o mundo natural são realçados em numerosos versículos da Bíblia, que é considerada um texto sagrado no cristianismo. A história da criação no Livro do Génesis destaca a responsabilidade dos seres humanos como administradores da criação, descrevendo o ato de Deus de criar a Terra e as pessoas (Génesis 1:26-31). As descrições poéticas da sua beleza e majestade, vistas como uma manifestação da glória de Deus, encontram-se nos Salmos e noutras obras literárias (Salmo 24,1; Salmo 19,1-4). Estas letras enfatizam a necessidade de prover e a obrigação moral de preservar o ecossistema.

O Alcorão Sagrado

Muitos versículos do Alcorão, o livro sagrado do Islão, destacam a terra como um símbolo da criação e do poder de Deus. Os seus fenómenos naturais são descritos em versículos como a Surah Al-Baqarah (2:164) e a Surah Ar-Rum (30:41) como prova da existência e da sabedoria de Deus. O Alcorão sublinha o valor de estar grato por tudo o que tem para oferecer e a necessidade de as pessoas cuidarem do ambiente para proteger os seus recursos para as gerações vindouras (Surah Al-An'am 6:141; Surah Ar-Rum 30:41).

Os Vedas

Os textos hindus, como os Vedas, estão repletos de canções e poesia que honram a Terra como a bondosa deusa-mãe Prithvi. Um dos primeiros textos hindus, o Rig-veda, contém canções que louvam a fertilidade e a abundância da Terra, descrevendo-a como fonte de vida e alimento para todos os seres vivos. Os textos hindus também apoiam a preservação da natureza e dos seus recursos e explicam como todas as formas de vida estão interligadas. O livro sagrado do hinduísmo, o Bhagavad Gita, ensina o valor de viver em harmonia com a natureza e a ação ética, ou dharma.

O Tripitaka, ou Sangha

Ao contrário de outras religiões, o Budismo não tem uma história primária da criação; os seus ensinamentos enfatizam a impermanência da existência e a interconexão de todas as formas de vida.

Os textos budistas ensinam empatia, consciência e conduta ética. Exemplos destes textos são o Tripitaka. Os ensinamentos budistas encorajam a não ferir (ahimsa) e o consumo consciente, que cultiva o respeito por todos os seres vivos e pelo ambiente, apesar de não se centrarem particularmente na Terra.

A Torá judaica

As escrituras judaicas sublinham que a Terra é uma dádiva de Deus e que é nossa responsabilidade cuidar dela. A riqueza da Terra e o áto de criação de Deus são descritos no Livro do Génesis, onde é retratada como uma confiança sagrada concedida à humanidade (Génesis 1:28-30). Os ensinamentos judaicos incluem regras e leis sobre gestão ambiental e vida sustentável, tais como a exigência de descansar a terra durante o ano sabático (shmita) e a proibição do desperdício (bal tashchit).

O Guru Granth Sahib do Sikhismo

O Guru Granth Sahib, o principal texto sagrado do Sikhismo, está repleto de hinos e poesia que louvam o mundo por ser uma manifestação de Deus. Viver em harmonia com a natureza e tratar a terra com reverência e respeito são valores altamente valorizados nos ensinamentos sikh. O Guru Granth Sahib ensinou que o mundo é uma dádiva de Deus à humanidade e que nos foi confiada a tarefa de cuidar dele. O Sikhismo encoraja a justiça social, a sustentabilidade ambiental e a compaixão por todos os seres vivos.

Os principais ensinamentos e diretrizes incluídos nestes textos sagrados ajudam os adeptos destas religiões a compreender o valor da Terra e o seu dever moral de a preservar. Esclareceram as dimensões espirituais da gestão ambiental e a interdependência de todas as espécies.

1.3.2 Importância cultural

Uma vez que a Terra é a base material e espiritual de toda a vida, tem uma grande importância cultural. As narrativas, mitologias e tradições culturais retratam-na frequentemente como um objeto sagrado com um profundo significado simbólico. Por exemplo, as culturas indígenas de todo o mundo vêem a Terra como uma entidade viva que fornece alimento, sabedoria e outros recursos. A realização de rituais e cerimónias em muitas tradições destinadas a honrar e celebrar a generosidade da Terra promove um sentimento de ligação e pertença ao mundo natural [19].

Egito

A Terra era vista como a fonte de prosperidade e de vida na antiga sociedade egípcia. Com as suas cheias anuais, o rio Nilo sustentava a abundância agrícola e era venerado como uma dádiva de Deus. A ideia de Ma'at representava a harmonia e a ordem cósmicas no sistema de crenças egípcio, que defendia a existência de uma relação estreita entre este mundo e a vida após a morte. A reverência dos egípcios pela terra e a sua importância para as suas crenças espirituais reflectiu-se nas pirâmides, templos e túmulos que ergueram na superfície da Terra [20].

Grécia

Na mitologia grega, a Terra, também conhecida como Gaia, era considerada uma deusa primordial e a mãe de toda a criação. Gaia representava o mundo como um ser vivo e respirante que denotava fertilidade, crescimento e nutrição. As observações de filósofos gregos como Platão e Aristóteles sobre a natureza da Terra e a sua localização no cosmos inspiraram os primeiros conceitos ocidentais de geografia, filosofia natural e ética ambiental [21].

Israel

A tradição judaica defende que Deus deu à humanidade a Terra como uma dádiva sagrada que deve ser alimentada e cuidada. O terreno de Israel tem um significado distinto, uma vez que é a Terra Prometida, corre leite e mel e é fundamental para a identidade e a fé judaicas. As escrituras judaicas mencionam constantemente a riqueza do solo, o significado das práticas agrícolas e o imperativo moral de cuidar da terra e dos seus habitantes [22].

Etiópia

Na cultura etíope, as convicções religiosas e os costumes estão intimamente relacionados. A Igreja Ortodoxa Etíope vê a Terra como uma manifestação da criação de Deus e realça a santidade do mundo natural. A paisagem da Etiópia, que consiste em terras altas e vales fendidos, tem uma importância espiritual devido às antigas igrejas e mosteiros escavados no solo. As crenças tradicionais etíopes, que honram as forças naturais e os espíritos da terra, incluem o animismo [23].

Os ensinamentos islâmicos colocam uma forte ênfase no dever da humanidade de salvaguardar e preservar o ambiente, realçando o valor da administração (Khilafah) e da tutela (Amanah) sobre o planeta [24]. Os muçulmanos etíopes defendem frequentemente que os seres humanos são responsáveis pelo seu comportamento em relação ao ambiente e que a Terra é um património sagrado de Alá (Deus) [25]. Este ponto de vista encoraja as comunidades muçulmanas etíopes a serem moralmente responsáveis e sensíveis ao ambiente.

As tradições culturais e os ideais dos muçulmanos etíopes colocam frequentemente uma forte ênfase na consideração e no respeito pelo mundo natural. Um sentido de harmonia e interligação com a Terra é incutido em muitos muçulmanos etíopes pelos seus fortes laços com os meios de subsistência pastoris, as técnicas agrícolas e as paisagens rurais [26]. A importância da gestão sustentável dos recursos e da conservação do ambiente é realçada pelos costumes e crenças sobre a fertilidade da terra, a pluviosidade e as estações do ano [27].

Índia

No hinduísmo, a terra é venerada como a deusa-mãe Prithvi, que guarda todos os seres vivos. A filosofia de Bhumi Devi, ou Mãe Terra, é central na mitologia hindu e representa a abundância, a fertilidade e o favor divino. As escrituras hindus, como os Vedas e os Puranas, estão repletas de hinos e versos que honram a generosidade e a beleza da Terra e apelam à responsabilidade ambiental e à reverência pelo mundo natural. As diversas paisagens da Índia, que vão desde os Himalaias até às planícies do Ganges, estão imbuídas de uma importância espiritual que inspira a peregrinação e a devoção. [28].

China

A Terra é vista como um componente essencial da ordem cósmica na cultura chinesa, representando as ideias de harmonia, equilíbrio e yin e yang. De acordo com a cosmologia tradicional chinesa, a Terra é circundada por camadas concêntricas de céu e é vista como o centro do cosmos. A filosofia, a arte e a governação chinesas foram todas influenciadas por Tianxia, ou "Tudo sob o céu", que simboliza a interdependência da natureza, das pessoas e do cosmos [29].

Nativo americano

As tribos nativas americanas da América do Norte e do Sul consideram que todas as outras criaturas vivas e a Terra estão ligadas espiritualmente e que a Terra é uma entidade sagrada e viva. As ideias centrais de toda a cosmologia nativa americana - a admiração pela Terra, a reciprocidade e a administração - permanecem constantes, apesar das diferenças regionais e tribais significativas. São realizadas cerimónias e rituais para honrar e agradecer à Terra as suas dádivas, que são reconhecidas como fonte de conhecimento, saúde e sustento. As actividades terrestres dos povos indígenas, como a agricultura, a caça e a recolha, têm um profundo respeito pelos ritmos e ciclos da Terra [30].

Mesopotâmia

A Terra era vista como um domínio divino habitado por deuses e deusas nas antigas civilizações mesopotâmicas da Suméria, Babilónia e Assíria. Os rios Tigre e Eufrates alimentavam as ricas planícies da Mesopotâmia e eram o lar de comunidades agrícolas e centros urbanos florescentes. Os textos religiosos e a mitologia da Mesopotâmia retratam a Terra como cenário de jogos cósmicos, histórias da criação e batalhas épicas, como as da Epopeia de Gilgamesh e do Enuma Elish [31].

Irão

As crenças e práticas zoroastrianas estão profundamente ligadas à Terra (Zamin), que tem uma grande importância simbólica e religiosa na cultura persa. O zoroastrismo, uma antiga religião persa, reverencia a Terra, juntamente com o fogo, a água e o ar, como elementos sagrados da criação. Como manifestação da ordem divina (Asha), a Terra é vista como possuindo vitalidade espiritual e capacidade de desenvolvimento e renovação [32-33].

1.3.3 Importância geográfica

A geografia da Terra é constituída por uma vasta gama de ecossistemas, caraterísticas físicas e paisagens que são importantes para a formação das sociedades, culturas e modos de vida humanos. Os geógrafos estudam a geografia da Terra para compreender os processos ambientais, as interações humanas com o mundo natural e os padrões geográficos.

Topografia e formas de relevo

A superfície da Terra está coberta por uma grande variedade de formas de relevo, incluindo planícies, planaltos, montanhas e desertos. Estas formas de relevo afectam as zonas de temperatura, os padrões climáticos e a distribuição dos recursos naturais. Por exemplo, cadeias de montanhas como os Andes e os Himalaias bloqueiam a circulação do ar, o que provoca variações no clima e nos padrões de precipitação em diferentes regiões [34].

Hidrologia e recursos hídricos

A água é essencial para a geografia da Terra, formando paisagens e sustentando a agricultura, a habitação humana e os ecossistemas. O sistema hidrológico da Terra é constituído por rios, lagos, oceanos e reservas de água subterrânea. Controla a temperatura do planeta e fornece recursos vitais para a vida. Os Grandes Lagos, a Bacia Amazónica e o Rio Nilo são alguns exemplos de caraterísticas geográficas cruciais para a hidrologia [35].

Biodiversidade e ecossistemas

Os recifes de coral, os prados, as florestas e as zonas húmidas são apenas alguns dos diversos ecossistemas do mundo que sustentam uma grande variedade de espécies vegetais e animais. Os hotspots de biodiversidade, como a Floresta Amazónica e o Triângulo dos Corais, são áreas com elevados níveis de endemismo e riqueza de espécies que são vitais para o equilíbrio ecológico e os serviços ecossistémicos do mundo. No âmbito de iniciativas de conservação e de gestão sustentável dos solos, os geógrafos investigam a distribuição espacial da biodiversidade [36].

Padrões climáticos e meteorológicos

O clima da Terra é influenciado por vários factores, como as correntes oceânicas, a latitude, a altitude e a circulação atmosférica. As zonas climáticas incluem áreas tropicais, temperadas e polares, precipitação e padrões de mudança sazonal. Os geógrafos estudam os padrões meteorológicos e os dados climáticos para compreender como as alterações climáticas afectam os ambientes naturais e as populações humanas [37].

Topografia humana e paisagens culturais

A topografia da Terra tem sido alterada pela atividade humana de algumas formas, incluindo a urbanização, a agricultura, os sistemas de transporte e o desenvolvimento industrial. A atividade humana molda as paisagens culturais e as interações entre o ambiente e a civilização. As caraterísticas geográficas culturalmente significativas incluem cidades, pontos de referência, terraços agrícolas e locais sagrados. Estas ilustrações demonstram a capacidade de adaptação das pessoas em várias circunstâncias [38]. A análise da geografia da Terra ajuda os geógrafos a compreender melhor as interações complexas dos processos naturais, da atividade humana e das alterações ambientais. A compreensão da Terra é necessária para responder às preocupações globais, incluindo a perda de habitats, o esgotamento de recursos e as alterações climáticas.

Um planeta habitável único no Universo

A Terra é única entre os muitos corpos celestes no cosmos, na medida em que é um oásis de água e vida. A Terra é o terceiro planeta a contar do Sol no sistema solar e está localizada na zona habitável, que é propícia à existência de água líquida, que é um componente necessário da vida [39]. A Terra é única no cosmos porque tem água na sua superfície, ao contrário de outros planetas e luas do nosso sistema solar. A atmosfera da Terra, que é composta principalmente por azoto e oxigénio, protege o planeta da perigosa radiação solar e mantém as temperaturas suficientemente estáveis para que a vida exista [40].

A dinâmica do planeta, alimentada pela tectónica de placas e pela atividade vulcânica, recicla nutrientes essenciais e regula a temperatura da Terra ao longo de escalas de tempo geológicas. [41]. O campo magnético produzido pelo ferro fundido no núcleo da Terra protege o globo do vento solar e da radiação cósmica, preservando o ambiente necessário à existência de vida. [42].

De uma perspetiva astronómica, a Terra é uma joia preciosa no extenso cosmos, um farol de maravilha e esperança na procura de vida para além do nosso sistema solar.

Quem é o culpado pela devastação da Terra

É difícil atribuir culpas pelo estado do planeta por volta do século XIX sem ter um conhecimento profundo das ocorrências históricas, dos padrões culturais e dos efeitos ambientais. Neste período, os principais factores de mudança ambiental foram a indústria, o expansionismo e o colonialismo. Estas forças também contribuíram para o esgotamento dos recursos e a destruição dos habitats naturais. As mudanças significativas provocadas pela industrialização, particularmente nos domínios da indústria transformadora, dos transportes e da produção de energia, aumentaram a poluição e devastaram os habitats [43].

A preservação do ambiente foi subordinada à expansão económica e à maximização dos lucros durante o século XIX, devido à ascensão do capitalismo industrial [44]. Com pouca consideração pelos efeitos a longo prazo, os industriais e os primeiros capitalistas exploraram os recursos naturais, o que levou a desequilíbrios ecológicos e à degradação ambiental [45]. Além disso, a extração de recursos e a exploração da terra eram práticas levadas a cabo pelas potências coloniais nas suas colónias, frequentemente à custa dos ecossistemas próximos e dos habitantes indígenas [46].

O expansionismo e a migração para oeste conduziram à desflorestação generalizada, à erosão dos solos e à perda de biodiversidade em regiões como a América do Norte, à medida que as pessoas desbravavam terras para construir cidades, agricultura e infra-estruturas [44]. A exploração ambiental foi facilitada por políticas governamentais que promoviam a extração de recursos e a expansão das terras, enquanto as crenças culturais que enfatizavam a superioridade humana sobre o mundo natural justificavam ainda mais a destruição ambiental [47]

Além disso, as tentativas de resolver as questões ambientais foram dificultadas pela falta de conhecimentos científicos e de consciência climática no século XIX [48]. Embora certas pessoas e organizações promovessem a conservação e a gestão sustentável dos recursos, os interesses industriais e as prioridades financeiras silenciavam-nas frequentemente [44].

O papel da devastação

A destruição do século XIX, que incluiu o esgotamento de recursos, a perda de biodiversidade e a degradação ambiental, realça a necessidade de técnicas proactivas de conservação e gestão sustentável. É necessária uma estratégia multimodal que integre o envolvimento da comunidade, as iniciativas legislativas e a investigação científica para enfrentar as consequências destas destruições. Seguem-se os papéis e as responsabilidades na redução destas destruições, apoiados por citações e referências:

A compreensão do âmbito da destruição ambiental, a identificação das suas causas profundas e a avaliação dos seus efeitos nos ecossistemas e no bem-estar humano dependem em grande medida da investigação científica. A investigação multidisciplinar pode ajudar os cientistas a criar novas abordagens para a preservação da biodiversidade, a recuperação de habitats e a utilização sustentável dos recursos [49].

Para reparar os horrores do século XIX e travar a deterioração adicional, são necessárias leis e regulamentos ambientais sólidos. Os governos devem aprovar e manter leis que apoiem a preservação do ambiente, controlem a atividade industrial e incentivem práticas sustentáveis [50]. Os decisores políticos, os cientistas e as partes interessadas devem trabalhar em conjunto para equilibrar a proteção do ambiente e o desenvolvimento económico [51].

A sustentabilidade e a resiliência a longo prazo dependem do envolvimento das comunidades vizinhas nas iniciativas de conservação. As comunidades afectadas pela destruição ambiental possuem frequentemente conhecimentos e práticas tradicionais de valor inestimável que podem apoiar iniciativas de conservação e recuperação [52]. As partes interessadas podem criar consensos e promover a conservação dos recursos naturais incorporando as comunidades nos processos de tomada de decisões e apoiando as iniciativas de base [53].

É necessária uma harmonização global da resposta. Os acordos internacionais, incluindo a Convenção sobre a Diversidade Biológica e o Acordo de Paris sobre as Alterações Climáticas, oferecem estruturas de cooperação e responsabilização partilhada [54]. A comunidade internacional pode contribuir para a sustentabilidade futura através da promoção da colaboração a nível mundial, da resolução de problemas comuns e da afetação de recursos.

Quem apresentará a queixa inicial contra a destruição ambiental depende das circunstâncias e da natureza do problema. As pessoas ou grupos afectados pela destruição ambiental são frequentemente os primeiros a apresentar as suas queixas e preocupações. Estes indivíduos são levados a defender a mudança e a exigir recompensa porque têm experiência em primeira mão com os impactos prejudiciais da degradação ambiental na sua qualidade de vida, saúde e meios de subsistência.

As Nações Unidas e outras conferências e organizações internacionais podem ser utilizadas para apresentar queixas e sensibilizar para a degradação ambiental com implicações transfronteiriças ou globais. Estas organizações e países podem achar mais simples planear, trabalhar em conjunto e realizar debates para resolver estes problemas e procurar soluções globais.

Egoísmo humano

Em muitos aspectos, o ego humano tem sido um fator-chave na biosfera. É motivado por desejos de domínio, poder e consumo. O egoísmo, ou seja, colocar os próprios interesses e objectivos à frente dos dos outros ou do ambiente, tem resultado em acções e políticas que danificam os ecossistemas, os recursos naturais e o ambiente para beneficiar as pessoas a curto prazo. A destruição da Terra é o resultado do egoísmo humano nas seguintes formas:

O egoísmo humano, motivado pelo desejo de riqueza, lucro e crescimento económico, resulta frequentemente na exploração excessiva e no esgotamento dos recursos naturais, como as florestas, as pescas, os minerais e os combustíveis fósseis [55]. As práticas insustentáveis de extração de recursos, como a pesca excessiva, a extração mineira no cimo das montanhas e o corte raso das florestas, afectam a capacidade da Terra para se regenerar e suportar a vida.

A urbanização e a industrialização orientadas pelo ego causaram estragos no ar, na água, no solo e nos animais, provocando uma poluição e uma degradação ambiental extensas [56]. Os combustíveis fósseis, as actividades industriais, a agricultura e a eliminação de resíduos libertam emissões que põem em perigo a saúde das pessoas e do ambiente, contaminando o ar e a água, destruindo habitats e rompendo ecossistemas.

O aquecimento global e as alterações climáticas devidas às emissões de gases com efeito de estufa para a atmosfera e à combustão de combustíveis fósseis são impulsionados pelo desejo do ego humano de conforto material e conveniência [57]. Uma ação significativa para alterar as alterações climáticas tem sido dificultada por interesses instalados, inércia política e objectivos económicos de curto prazo motivados pelo egoísmo, agravando os seus efeitos em grupos e ecossistemas vulneráveis, apesar da unanimidade científica quanto à necessidade de reduzir as emissões de gases com efeito de estufa. Os efeitos da degradação ambiental afectam de forma desproporcionada as populações desfavorecidas, os povos indígenas e as gerações futuras, devido a estruturas e processos sociais orientados para o ego que perpetuam as injustiças ambientais [58]. As disparidades sistémicas e as divisões sociais são sustentadas pelo racismo, pelo acesso desigual ao ar e à água limpos e pela localização de instalações de resíduos perigosos em zonas desfavorecidas, todos eles reflexos da preferência egoísta pelo lucro em detrimento do bem-estar da população.

De acordo com [59], o egoísmo humano assume frequentemente a forma de uma atitude de direito ou de superioridade em relação aos recursos da Terra e de outros seres vivos. A ideia de que a natureza é um recurso a ser explorado para proveito humano e não uma rede complexa de vida interdependente encoraja acções que colocam o lucro imediato à frente da sustentabilidade a longo prazo, o que alimenta os ciclos de catástrofe e deterioração ecológica.

O papel da globalização

A perda de ecossistemas, o esgotamento de recursos e a degradação ambiental são apenas algumas das formas como a globalização contribuiu para a devastação do planeta. A globalização acelerou a poluição ambiental, aumentou as catástrofes ecológicas e a exploração de recursos, ao mesmo tempo que promoveu o progresso económico, o avanço técnico e a interdependência nacional. Seguem-se algumas das formas como a globalização tem contribuído para a destruição do planeta: A produção em massa, o comércio e o consumo de bens e serviços que definem uma economia orientada para o consumo aumentaram devido à globalização. Os ecossistemas e recursos naturais estão sob enorme pressão devido a níveis insustentáveis de consumo e produção provocados pelo crescimento das cadeias de abastecimento globais, pelo aumento da procura dos consumidores e pelo fácil acesso a mão de obra e recursos baratos nos países em desenvolvimento [60]. O esgotamento dos recursos a nível mundial, a poluição, a perda de habitats e a desflorestação são causados por indústrias como a mineira, a indústria transformadora e a agricultura.

A globalização facilitou a deslocação do capital, da tecnologia e dos recursos através das fronteiras, permitindo às empresas multinacionais tirar partido dos recursos naturais em locais distantes e ambientalmente delicados [61]. As actividades mineiras, madeireiras e agrícolas em grande escala são exemplos de empresas transnacionais de extração de recursos que frequentemente desrespeitam as leis ambientais, os direitos indígenas e os meios de subsistência das comunidades locais. Isto resulta em degradação ambiental, conflitos fundiários e agitação social [62].

De acordo com [63], a globalização fez com que as nações desenvolvidas externalizassem a sua poluição e as suas externalidades para os países em desenvolvimento, contribuindo para uma legislação e aplicação ambiental menos rigorosas. A injustiça ambiental, os riscos para a saúde pública e os danos ecológicos resultaram da deslocação de empresas poluentes, da eliminação de resíduos e do fabrico de produtos químicos para países com regulamentação laboral e ambiental menos rigorosa [64].

Alterações climáticas e emissões globais: De acordo com [65], a globalização tem causado emissões de gases com efeito de estufa provenientes dos transportes, da produção de energia e dos processos industriais. A globalização do comércio e do investimento tem alimentado o crescimento de indústrias que dependem fortemente do carbono, a expansão de economias baseadas em combustíveis fósseis e a circulação internacional de bens e serviços, tendo todos estes factores aumentado as concentrações de gases com efeito de estufa na atmosfera e contribuído para o aquecimento global [66].

Perda de biodiversidade e de serviços ecossistémicos: Devido à destruição de habitats, à extinção de espécies e à fragmentação dos ecossistemas, a globalização acelerou a perda de biodiversidade e de serviços ecossistémicos [67]. A resiliência dos ecossistemas diminuiu, os processos ecológicos foram perturbados e a biodiversidade perdeu-se devido à conversão de habitats naturais em terrenos agrícolas, áreas urbanas e zonas industriais, provocada pelo crescimento das infra-estruturas, da urbanização e da agricultura [68].

Impactos da urbanização

Os ecossistemas da Terra, os recursos naturais e a sustentabilidade ambiental são afectados de forma significativa pela urbanização humana. Numerosas questões ambientais, como a perda de habitat, a poluição do ar e da água, o esgotamento de recursos e as alterações climáticas, surgem à medida que as pessoas se mudam para as cidades. Seguem-se alguns dos efeitos da urbanização humana na Terra:

Em resultado da urbanização, os habitats naturais, como as zonas húmidas, as florestas e os prados, são transformados em áreas povoadas, infra-estruturas e auto-estradas [69]. A redução de habitats adequados para a flora e a fauna conduz à perturbação dos ecossistemas, à fragmentação dos habitats da vida selvagem e a um declínio da biodiversidade [70]. A polinização, a purificação da água e o controlo das inundações são apenas alguns dos serviços ecossistémicos ameaçados pela expansão urbana, que afecta áreas ambientalmente vulneráveis.

Processos industriais, emissões de veículos e o lixo produzido pelos assentamentos humanos são algumas das formas pelas quais a urbanização contribui para a poluição do ar e da água [71]. As partículas, os óxidos de azoto, o dióxido de enxofre e os compostos orgânicos voláteis estão entre os poluentes atmosféricos produzidos nas zonas urbanas e prejudicam o ambiente e a saúde humana [72]. Os ecossistemas aquáticos e as massas de água são prejudicados por impurezas, nutrientes e venenos introduzidos através de descargas de esgotos, efluentes industriais e escoamento urbano [73]. Com o crescimento da população das cidades e o aumento da procura de produtos e serviços, aumenta o consumo de recursos e a criação de lixo [74]. Para a construção, o desenvolvimento de infra-estruturas e os equipamentos urbanos, as áreas metropolitanas requerem uma enorme quantidade de energia, água, terra e materiais [75]. Os centros urbanos geram lixo sólido, resíduos electrónicos e materiais perigosos devido à produção, consumo e eliminação de materiais. Este facto agrava os problemas de gestão dos resíduos e a contaminação ambiental [76]. De acordo com [77], a urbanização provoca a utilização e a ocupação do solo, as emissões de gases com efeito de estufa e o desenvolvimento de ilhas de calor urbanas. Os problemas de saúde relacionados com o calor, o consumo de energia e a procura de ar condicionado podem ser agravados pela absorção e retenção de calor nas zonas urbanas, o que aumenta as temperaturas em relação às zonas rurais vizinhas [78]. Além disso, as ilhas de calor urbanas modificam a circulação do ar, os padrões de precipitação e o clima local, o que afecta a

1.3.4 O papel dos líderes religiosos

Com base nos seus ensinamentos e pontos de vista religiosos, os líderes religiosos podem desempenhar um papel crucial na defesa de práticas sustentáveis e da gestão ambiental. Muitas tradições espirituais defendem princípios e crenças imperativas sobre como viver em paz com a natureza e proteger o ambiente. Ao citarem estes ensinamentos, os líderes religiosos podem inspirar os seus seguidores a viverem vidas e a tomarem medidas que previnam desastres ambientais.

As autoridades religiosas podem oferecer orientação moral e modelos éticos para os problemas climáticos. Por exemplo, a gestão, a compaixão, a interconectividade e o apreço pela criação são realçados em ensinamentos de várias tradições religiosas, incluindo o cristianismo, o islamismo, o budismo, o hinduísmo e as espiritualidades indígenas [80]. Os líderes religiosos podem ajudar o seu povo a encarar a gestão ambiental como uma obrigação espiritual, salientando a santidade e a necessidade moral de a preservar.

As organizações religiosas funcionam como centros de aprendizagem e de envolvimento da comunidade, oferecendo fóruns para dar a conhecer as preocupações ambientais e encorajar comportamentos amigos do ambiente. Os líderes religiosos podem informar os seus seguidores sobre as questões ambientais e o valor da conservação através de sermões, textos religiosos, grupos de estudo e iniciativas de instrução [81]. Os líderes religiosos podem encorajar a ação e aprofundar a compreensão da interdependência ecológica, incorporando temas ambientais em rituais e instruções.

Os líderes e as organizações religiosas podem assumir o ativismo e a defesa de causas para enfrentar as injustiças contra o ambiente e promover leis que defendam a justiça social e a proteção do clima. As organizações religiosas, por exemplo, têm considerado campanhas contra a poluição, a desflorestação, as alterações climáticas e a degradação ambiental. Incentivam frequentemente os seus seguidores a participar na organização comunitária e no ativismo ambiental [82]. Os líderes religiosos têm o potencial de elevar as vozes das populações vulneráveis e promover políticas que dão prioridade à sustentabilidade ambiental e à justiça, utilizando a sua autoridade moral e redes de base.

Uma vez que os problemas ambientais ultrapassam as fronteiras religiosas e culturais, os líderes espirituais devem incentivar o debate e a cooperação inter-religiosa. Os líderes religiosos de várias tradições reúnem-se através de organizações inter-religiosas, como a Iniciativa Inter-religiosa para as Florestas Tropicais e o Parlamento das Religiões do Mundo, para discutir preocupações ambientais comuns e incentivar acções de grupo [83]. Os líderes religiosos podem trabalhar em prol de objectivos comuns de preservação e desenvolvimento sustentável, assegurando a colaboração e a solidariedade entre várias comunidades religiosas.

1.3.5 O papel dos Estados

O objetivo dos governos e a forma como ajudam os diversos povos do planeta a viver em harmonia. Os Estados têm uma variedade de deveres e oportunidades para lidar com os problemas interligados apresentados pela ciência, espiritualidade e agitação social enquanto órgãos soberanos que supervisionam regiões e populações. Os Estados podem desempenhar os seguintes papéis importantes nesta situação:

Os Estados têm a obrigação de salvaguardar os ecossistemas, a biodiversidade e os recursos naturais do planeta. A promulgação e aplicação de leis e regulamentos ambientais é necessária para travar a sua degradação, como a poluição, a desflorestação e a destruição de habitats. Os Estados podem também criar zonas protegidas, promover práticas sustentáveis de gestão dos solos e financiar esforços de conservação para preservar o equilíbrio ecológico global [84].

Um dos maiores perigos para a estabilidade e sustentabilidade do globo são as alterações climáticas, às quais os Estados devem responder de forma decisiva. Os Estados têm autoridade para criar e executar planos de ação climática, estabelecer objectivos de redução das emissões, fazer investimentos em infra-estruturas para fontes de energia renováveis e incentivar medidas de resistência às alterações climáticas [58]. Os Estados podem apoiar os esforços internacionais para abrandar o aquecimento global e proteger as populações vulneráveis dos efeitos das alterações climáticas, fazendo da ação climática uma prioridade máxima.

Os Estados têm de proteger os direitos humanos, promover a justiça social e lidar com as causas subjacentes aos conflitos. A luta contra o preconceito, a injustiça e a desigualdade com base na raça, no género, na etnia, na religião e nos antecedentes socioeconómicos faz parte desta tarefa. Os Estados devem adotar legislação que promova a justiça, a inclusão e a igualdade para todos os residentes, incentivando um sentimento de unidade e coesão [85].

Os Estados podem incentivar a inovação e a investigação científica para melhorar a tecnologia, os conhecimentos e as soluções para os problemas globais. Isto significa promover a colaboração e a partilha de conhecimentos entre cientistas e investigadores para ajudar projectos científicos e instalações de investigação [86]. Os Estados podem aproveitar o poder da inovação para abordar questões difíceis relacionadas com a energia, o desenvolvimento sustentável, a saúde e o ambiente, investindo na investigação e na tecnologia.

Os Estados têm influência para encorajar a compreensão, a tolerância e a paz entre as várias comunidades religiosas e espirituais, facilitando a colaboração e o diálogo inter-religioso. Os Estados podem usar a espiritualidade para inspirar empatia, compaixão e comportamento moral, encorajando a comunicação e a cooperação entre líderes religiosos, praticantes e organizações [87]. Os projectos inter-religiosos podem ajudar a promover a harmonia e o respeito, ultrapassando as barreiras culturais e religiosas.

Em suma, os Estados devem lidar com a intersecção da ciência, da espiritualidade e da agitação social para proteger o planeta e garantir o bem-estar dos seus povos. Os Estados que colocam a conservação do ambiente, a ação climática, os direitos humanos, a investigação científica e a cooperação religiosa podem contribuir para um mundo mais sustentável, pacífico e equitativo para as gerações presentes e futuras.

1.3.6 O papel dos líderes comunitários

Os líderes do clã ou da comunidade são essenciais para incentivar práticas sustentáveis e a gestão ambiental nas suas comunidades. Os líderes comunitários mobilizam a ação colectiva, aumentam a sensibilização e estabelecem um sentido de responsabilidade pela salvaguarda do ambiente, utilizando a sua influência, conhecimento e autoridade cultural. Segue-se um resumo dos deveres e papéis que os líderes de clãs ou comunidades podem assumir, apoiados por citações e referências:

Os líderes comunitários podem informar a população sobre o valor da vida sustentável e da preservação ambiental. Os líderes podem aumentar a compreensão do público sobre as questões ambientais locais, a conservação da biodiversidade e os efeitos da atividade humana no ambiente, planeando workshops, seminários e programas educativos [88]. Através da narração de histórias, da partilha de conhecimentos tradicionais e de ritos culturais, os líderes podem incutir valores e ideias ambientais que cultivem o amor pela natureza [89].

Várias culturas indígenas e tradicionais herdaram conhecimentos e práticas ecológicas importantes das gerações anteriores. Os líderes comunitários podem desempenhar um papel vital na manutenção e melhoria dos conhecimentos ambientais indígenas (TEG), incorporando-os nas políticas de gestão das terras, nas actividades de conservação e nos procedimentos comunitários de tomada de decisões [90]. Os líderes que reconhecem o valor dos conhecimentos tradicionais (TEK) na gestão sustentável dos recursos podem permitir que os membros da comunidade apliquem os conhecimentos tradicionais para resolver problemas ambientais modernos.

Os líderes podem ajudar as reservas geridas pela comunidade, as pescas sustentáveis, os projectos agro-florestais e outras iniciativas de conservação, utilizando metodologias participativas e processos de tomada de decisões em colaboração [91]. Através do envolvimento dos membros da comunidade em iniciativas de conservação, os líderes podem aumentar a capacidade local, promover a gestão e fortalecer a solidariedade social.

Os líderes comunitários podem defender legislação e políticas que promovam a justiça social e a sustentabilidade ambiental a nível local, estatal e federal. Os líderes podem fazer campanha pelos direitos à terra, pelos direitos de gestão dos recursos e por medidas de proteção do ambiente, envolvendo-se com as autoridades governamentais, organizações não governamentais e outras partes interessadas em nome da sua comunidade [92]. Os líderes podem influenciar os processos de tomada de decisão, amplificando as vozes de pessoas sub-representadas e influenciando pronunciamentos públicos, campanhas de defesa e iniciativas de mobilização comunitária.

Os líderes comunitários podem incentivar a cooperação e a colaboração com cidades vizinhas, organizações e agências governamentais para enfrentar desafios ambientais comuns. Os líderes podem utilizar a ação colaborativa para resolver problemas como a desflorestação, a degradação dos solos, a poluição da água e as alterações climáticas através do intercâmbio de informações, recursos e experiências [93]. Através de redes e alianças, os líderes podem promover a resiliência, reforçar a coesão da comunidade e promover o desenvolvimento sustentável.

Em conclusão, os líderes comunitários ou de clãs podem ajudar a proteger o ambiente promovendo problemas ambientais, preservando o conhecimento ecológico tradicional, lançando iniciativas de conservação, defendendo a justiça ambiental e fomentando a colaboração intergrupal. Utilizando a sua influência e liderança, os líderes comunitários podem inspirar mudanças positivas e contribuir para a construção de um futuro mais resistente e sustentável para todos.

1.3.7 Papel das instituições de ensino superior

Os estabelecimentos de ensino superior são parceiros vitais para o planeta, contribuindo significativamente para o avanço da investigação científica, para a sustentabilidade ambiental e para a sensibilização e ação do público. Estas organizações têm o poder de persuadir pessoas, grupos e nações a adoptarem comportamentos e leis mais amigos do ambiente, porque são centros de aprendizagem, criatividade e partilha de informação. Segue-se um resumo dos deveres e responsabilidades que as universidades podem assumir, apoiado por citações e referências:

As universidades apoiam a sustentabilidade ambiental através da realização de investigação científica de ponta e do desenvolvimento de tecnologias inovadoras. A investigação multidisciplinar e os membros do corpo docente estudam problemas como a poluição, a gestão dos recursos, a perda de biodiversidade e as alterações climáticas [94]. As instituições de ensino superior contribuem para a investigação e a política ambiental produzindo novos conhecimentos, criando soluções criativas e investigando tecnologias sustentáveis [95].

As instituições de ensino superior são essenciais para ensinar a próxima geração de profissionais, líderes e cidadãos sobre a sustentabilidade e os desafios ambientais. Estes estabelecimentos de ensino dotam os estudantes das informações, capacidades e recursos necessários para enfrentar as questões ambientais, oferecendo programas académicos, cursos e currículos em ecologia, ciências ambientais, estudos de sustentabilidade e política ambiental [96]. As instituições de ensino superior permitem que os estudantes se tornem agentes de mudança para um futuro mais sustentável, integrando princípios de sustentabilidade em todas as disciplinas e promovendo oportunidades de aprendizagem experimental [97]

Os estabelecimentos de ensino superior trabalham com as administrações locais, grupos não governamentais e partes interessadas do sector empresarial para abordar questões ambientais e promover o desenvolvimento sustentável. Estas organizações apoiam as actividades locais e regionais, oferecendo assistência técnica, reforço de capacidades e materiais educativos através de programas de divulgação, serviços de extensão e colaborações comunitárias [98]. As instituições de ensino superior podem promover o debate, desenvolver a confiança e desencadear acções de grupo para a sustentabilidade ambiental, trabalhando com as partes interessadas [99].

Os estabelecimentos de ensino superior contribuem para a política ambiental através da investigação, análise e intercâmbio de conhecimentos. Para além de produzirem documentos políticos e participarem em fóruns e debates políticos, os membros do corpo docente, investigadores e estudantes realizam investigação pertinente para a política [100]. As instituições de ensino superior afectam as leis e os regulamentos de proteção ambiental, conservação e sustentabilidade, oferecendo recomendações, liderança e conhecimentos baseados em provas [101].

As instituições de ensino superior funcionam como laboratórios vivos para a sustentabilidade, com programas a nível do campus para diminuir a sua influência no ambiente, aumentar a eficiência energética e incentivar o pessoal, os professores e os estudantes a adoptarem estilos de vida sustentáveis [102]. Estas instituições académicas demonstram liderança ambiental e estimulam uma mudança social mais ampla através da implementação de práticas sustentáveis no campus, tais como iniciativas de reciclagem, construção de edifícios ecológicos, instalações de energias renováveis e opções de mobilidade sustentável [103].

Em resumo, as universidades desempenham um papel crucial como partes interessadas da Terra, apoiando a sustentabilidade ambiental através da investigação, do ensino, do serviço comunitário, da defesa de políticas e de projectos no campus. Estas instituições podem melhorar o conhecimento ambiental, desenvolver futuros líderes e desencadear uma mudança revolucionária para um mundo mais resistente e sustentável, utilizando o seu capital intelectual, experiência e influência

1.3.8 Preservação da Terra

A preservação ambiental ganha ainda mais significado quando associada a aspectos sociais, espirituais e científicos. A complexidade deste nexo realça a dificuldade de lidar com as questões climáticas enquanto se negoceiam dinâmicas geopolíticas, religiosas e culturais. Dado que as actividades humanas continuam a pôr em risco os ecossistemas e os recursos do planeta, são necessárias soluções holísticas que associem ciência, espiritualidade e prosperidade social.

De um ponto de vista científico, os avanços tecnológicos e as opções políticas destinadas a reduzir a influência humana no planeta podem ser orientados por estratégias baseadas em provas

com uma base em sustentabilidade e ciências ambientais. O estudo científico permite compreender as causas e os efeitos da degradação do clima e oferece soluções para a proteção da biodiversidade, a adaptação ao clima e a gestão sustentável dos recursos [104].

As tradições espirituais e os ensinamentos éticos também fornecem uma perspetiva significativa sobre a responsabilidade de gestão da humanidade e a sua relação com a Terra. O respeito pela natureza e a ideia de interligação são conceitos religiosos universais que realçam o valor intrínseco da Terra e a necessidade de gestão ambiental [81]. Os indivíduos e as comunidades podem desenvolver um sentido mais forte de consciência e responsabilidade ecológicas fundindo os valores espirituais com o conhecimento científico. Isto encorajará a ação de grupo em prol da justiça ambiental e da sustentabilidade.

No entanto, a agitação social e a agitação geopolítica dificultam frequentemente a resolução dos problemas ambientais, agravando problemas como a competitividade dos recursos, a degradação do clima e a deslocalização relacionada com o clima. Para se chegar a um acordo sobre a governação ambiental e os objectivos de desenvolvimento sustentável, é necessário navegar por complicados factores políticos, económicos e sociais numa sociedade caracterizada por desigualdades, conflitos e assimetrias de poder [51]. As abordagens de colaboração que promovem a comunicação, a cooperação e a tomada de decisões inclusiva são essenciais para fazer avançar os objectivos comuns de preservação do ambiente, bem-estar humano e superação das diferenças sociais.

A recuperação da reputação da Terra exige a adoção de políticas para prevenir as alterações climáticas, salvaguardar a biodiversidade e preservar e restaurar os ecossistemas. As áreas de elevada importância ecológica, como as florestas, as zonas húmidas, os habitats marinhos e os hotspots de biodiversidade, devem ter prioridade nos esforços de conservação [105]. Ao proteger os habitats naturais e manter a biodiversidade, podemos melhorar a resiliência dos ecossistemas e promover o bem-estar de todos os seres vivos, incluindo as pessoas.

A promoção de uma sociedade mais justa e inclusiva exige que se resolvam as injustiças ambientais e se garanta um acesso equitativo às oportunidades e aos recursos. As iniciativas em prol da justiça ambiental têm por objetivo fazer face aos encargos desiguais da poluição e da degradação climática que recaem sobre as comunidades desfavorecidas, em especial as do Sul Global e as populações indígenas. [59]. Ao promover a equidade ambiental e defender os direitos das pessoas marginalizadas a participarem nos processos de tomada de decisões, podemos efetivamente combater as injustiças estruturais.

Para alcançar a prosperidade e o bem-estar a longo prazo, é necessário realizar estratégias de desenvolvimento sustentável que equilibrem as prioridades económicas, sociais e ambientais. Sustentar as necessidades actuais sem pôr em risco a capacidade das gerações futuras de satisfazerem as suas próprias necessidades é o objetivo do desenvolvimento sustentável [106]. A promoção das energias renováveis, da agricultura sustentável, de infra-estruturas respeitadoras do ambiente e de tecnologias ecológicas pode diminuir o seu impacto e promover um crescimento económico equitativo.

O reconhecimento da importância espiritual e cultural da Terra pode promover um sentido de reverência, gratidão e interligação em todas as comunidades e indivíduos. As visões do mundo indígenas atribuem frequentemente um elevado valor à vida em equilíbrio com o ambiente e à santidade da natureza [107]. Podemos promover uma maior compreensão do valor intrínseco da Terra e promover estilos de vida sustentáveis baseados no respeito pelo ambiente, respeitando as várias tradições culturais e os sistemas de conhecimento indígenas.

A cooperação global de nações, organizações e pessoas deve trabalhar em conjunto e mostrar solidariedade para enfrentar o desafio. Os acordos e estruturas globais, como os Objectivos de Desenvolvimento Sustentável e o Acordo de Paris, oferecem fóruns para esforços de cooperação e responsabilidade partilhada [108]. Podemos utilizar os conhecimentos e recursos combinados da humanidade para resolver problemas comuns e proteger o planeta agora e no futuro.

Em conclusão, restaurar a perceção da Terra de leste a oeste e de sul a norte requer uma estratégia abrangente que incorpore a justiça social, o desenvolvimento sustentável, a preservação ambiental, a reanimação cultural e a colaboração internacional. Podemos fomentar um sentimento revitalizado de administração e reverência pela Terra, adoptando estes valores e tomando medidas proactivas a todos os níveis. Isto cumprirá a nossa obrigação de amar e proteger a inestimável dádiva da vida no nosso planeta.

1.3.9 Conclusões e recomendações

Conclusões

À luz das oportunidades e desafios da Terra, a exploração mostrou como as dimensões científica, espiritual e sociológica estão intrinsecamente interligadas. Cada elemento afecta e interage com todos os outros elementos; por exemplo, a dinâmica social determina os sistemas de governação, as crenças espirituais orientam a gestão ambiental e a informação científica orienta as decisões políticas. Compreender esta interdependência é crucial para a criação de estratégias abrangentes para lidar com os problemas ambientais e promover o desenvolvimento sustentável.

Devido à complexidade dos problemas da Terra, a cooperação e a comunicação multidisciplinares são necessárias na ciência, na religião e na sociedade. Com a colaboração de diversas perspectivas, conhecimentos e partes interessadas, podem ser desenvolvidas estratégias abrangentes para as questões ambientais. Através da colaboração interdisciplinar, podemos ultrapassar as divisões académicas, colmatar as lacunas de conhecimento e promover a inovação na resolução de problemas difíceis.

Os resultados enfatizam a importância de proporcionar às pessoas, grupos e organizações a liberdade de agir e promover mudanças. Todas as dimensões apresentam oportunidades de participação intencional e de ação colectiva, quer através da investigação, da religião ou de iniciativas comunitárias. Podemos esforçar-nos por criar um futuro sustentável para nós e para o nosso planeta, combinando o poder da ciência, da espiritualidade e da coesão social.

Em suma, são necessárias estratégias abrangentes e baseadas em equipas para resolver os problemas ambientais e promover a sustentabilidade. A interdependência dos aspectos científicos, espirituais e sociais e a promoção da cooperação interdisciplinar podem permitir que as pessoas e as sociedades estabeleçam uma coexistência mais sólida e pacífica com o planeta.

Em conclusão, a globalização tem tido uma influência significativa e abrangente nos ecossistemas e recursos naturais da Terra, ao mesmo tempo que tem ajudado muitas pessoas a experimentar um crescimento económico e uma maior riqueza. Para contrariar os efeitos nocivos da globalização na sustentabilidade ambiental, são necessárias medidas deliberadas para reforçar a sua governação, incentivar a colaboração internacional para resolver questões ambientais comuns e promover o consumo e a produção sustentáveis.

Em conclusão, existem dificuldades no desenvolvimento sustentável e no bem-estar dos habitantes urbanos e rurais devido à pressão substancial que a urbanização humana exerce sobre os ecossistemas, os recursos naturais e a qualidade ambiental do planeta. Os efeitos ambientais da urbanização exigem estratégias integradas que apoiem um crescimento equitativo e inclusivo para todos, promovendo simultaneamente a eficiência dos recursos, a prevenção da poluição, a conceção urbana sustentável e a resistência às alterações climáticas.

Recomendações

Ao promover uma compreensão mais profunda dos sistemas interdependentes da Terra e das consequências da conduta humana, a educação permite que as pessoas façam escolhas informadas e adoptem práticas ambientais.

• Criar campanhas de sensibilização do público, iniciativas de sensibilização da comunidade e reformas curriculares que integrem abordagens interdisciplinares para promover a responsabilidade ambiental e aumentar a compreensão dos desafios ambientais.

• Através da promoção da comunicação entre líderes religiosos, académicos e profissionais, podemos encontrar uma base comum para os ideais e princípios de gestão ambiental e promover acções de grupo.

• Para além de promoverem a justiça ambiental e a compreensão mútua, as iniciativas inter-religiosas apoiam práticas sustentáveis e alterações legislativas.

• Adotar práticas sustentáveis de utilização dos solos, incentivar as fontes de energia renováveis e endurecer as restrições ambientais. Além disso, os decisores políticos devem estabelecer ligações com um vasto leque de intervenientes, tais como grupos marginalizados, comunidades indígenas e organizações da sociedade civil, para garantir que as políticas ambientais são equitativas, inclusivas e sensíveis às preocupações de todas as populações.

• Assertiva para alterações legislativas, encorajando o debate inter-religioso, sensibilizando e educando o público e apoiando projectos de desenvolvimento sustentável.

Referências

1. Tyson, N., e Goldsmith, D. (2017). Astrofísica para pessoas com pressa. W.W. Norton and Company

2. Steffen, W., et al. (2015). Fronteiras planetárias: Orientar o desenvolvimento humano num planeta em mudança. Science, 347 (6223), 1259855

3. Berry, T., (20060. A Grande Obra: O nosso caminho para o futuro Torre do Sino

4. Rockstrom, J., et al. (2009). Planetary boundaries: exploring the safe operating space for humanity (Fronteiras planetárias: explorando o espaço operacional seguro para a humanidade). Ecologia e Sociedade, 14(2), 32.

5. IPCC (Painel Intergovernamental sobre as Alterações Climáticas). (2014). "Alterações Climáticas 2014: Mitigação das alterações climáticas. Contribuição do Grupo de Trabalho III para o Quinto Relatório de Avaliação".

6. IPCC (Painel Intergovernamental sobre as Alterações Climáticas). (2014). "Climate Change 2014: Impacts, Adaptation, and Vulnerability. Parte A: Aspectos globais e sectoriais. Contribuição do Grupo de Trabalho II para o Quinto Relatório de Avaliação".

7. Walker, B., et al. (2004). Resiliência, adaptabilidade e transformabilidade em sistemas sócio-ecológicos. Ecologia e Sociedade, 9(2), 5-17

8. Diamond, J. (2005). Collapse: How Societies Choose to Fail or Succeed. Penguin Books.

9. Orr, D. (2004). A Terra na Mente: On Education, Environment, and the Human Prospect. Island Press.

10. Hawken, P., et al. (2013). 'Blessed Unrest: Como surgiu o maior movimento do mundo e por que ninguém o viu chegando. ' Penguin.

11. Kates, R. W., et al. (2001). Sustainability. Science, 292(5517), 641-642.

12. Palmer, M. (2012). As religiões da Terra: An Overview, Routledge.

13. Homer-Dixon, T. F. (1999). Environment, Scarcity, and Violence [Ambiente, Escassez e Violência]. Princeton University Press

14. Berry, T. (1999). O grande trabalho: o nosso caminho para o futuro. Bell Tower.

15. Denzin, N. K., & Lincoln, Y. S. (2018). The SAGE handbook of qualitative research. Sage Publications.

16. Yin, R. K. (2014). Pesquisa de estudo de caso: Design and Methods (5ª ed.). Sage Publications.

17. Braun, V., & Clarke, V. (2006). Utilização da análise temática em psicologia. Qualitative Research in Psychology, 3(2), 77-101. https://
doi.org/10.1191/1478088706qp063oa

18. Kaza, S. (2004). Dharma Rain: Sources of Buddhist Environmentalism (Chuva do Darma: Fontes do Ambientalismo Budista). Publicações Shambhala.

19. Carmody, D. L., & Carmody, J. (1996). No caminho dos mestres: Compreender a vida espiritual na Índia e na China. Wipf and Stock Publishers.

20. Wilkinson, T. A. H. (2003). The Complete Gods and Goddesses of Ancient Egypt [Os Deuses e Deusas Completos do Antigo Egito]. Thames & Hudson.

21. Hamilton, E. (2011). Mythology: Timeless Tales of Gods and Heroes [Contos intemporais de deuses e heróis]. Grand Central Publishing.

22. Neusner, J., Avery-Peck, A. J., & Green, W. S. (Eds.). (2000). The Encyclopedia of Judaism. Brill.

23. Trimingham, J. S. (1952). O Islão na Etiópia: A Brief Survey. The Journal of African History, 75-98.

24. Nasr, S. H. (1996). "Religião e a ordem da natureza". Oxford University Press.

25. Zahar, M.-J. (2002). Peace by Unconventional Means: Lebanon's Ta'if Agreement. Mediterranean Politics, 7(1), 1-20. https://doi.org/10.1080/13629390207030010

26. Woldemariam, M. (2017). Fragmentação Insurgente no Corno de África: Rebellion and Its Discontents. Cambridge University Press.

27. Gebre-Egziabher, T. B. (1998). "Sistemas tradicionais de proteção ambiental da Etiópia e suas limitações". Environmental Management, 22(6), 857864.

28. Klostermaier, K. (2010). Hinduísmo: Um Guia para Principiantes. Publicações Oneworld.

29. Little, S., & Wong, R. B. (Eds.). (2013). Confucionismo e Ecologia: A Inter-relação do Céu, da Terra e dos Humanos. Harvard University Press.

30. Cajete, G. (1994). Olhar para a montanha: Uma Ecologia da Educação Indígena. Imprensa Kivaki

31. Dalley, S. (1998). Mitos da Mesopotâmia: Creation, the Flood, Gilgamesh, and Others [A Criação, o Dilúvio, Gilgamesh e Outros]. Oxford University Press.

32. Leick, G. (2002). Mesopotamia: The Invention of the City (Mesopotâmia: A Invenção da Cidade). Penguin Books

33. Boyce, M. (2001). Zoroastrians: Their Religious Beliefs and Practices [Crenças e Práticas Religiosas]. Routledge.

34. Strahler, A. H., & Strahler, A. (2018). Introdução à Geografia Física (7ª ed.). Wiley.

35. Gleick, J. (1993). Genius: The Life and Science of Richard Feynman. Pantheon Books.

36. Mayer, F. S., & Frantz, C. M. (2004). "A escala de conexão com a natureza: Uma medida do sentimento dos indivíduos em comunidade com a natureza". Journal of Environmental Psychology, 24(4), 503-515.

37. Ahrens, T. (2019). Escrita consciente: Como melhorar a sua escrita de uma forma consciente. Ultralearning Limited

38. Knox, P. L., & Marston, S. A. (2016). Geografia Humana: Lugares e regiões no contexto global (6ª ed.). Pearson.

39. Kasting, J. F., Whitmire, D. P., & Reynolds, R. T. (1993). Habitable Zones around Main Sequence Stars, Icarus, 101(1), 108-128.

40. Pierrehumbert, R. T. (2010). Principles of Planetary Climate. Cambridge University Press.

41. Cocks, L. R. M., & Torsvik, T. H. (2017a). Geografia da Terra de 500 a 400 milhões de anos atrás: uma revisão faunística e paleomagnética. Journal of the Geological Society, 174(1), 9-28. https://doi.org/10.1144/jgs2016-057

42. Glatzmaier, G. A., & Roberts, P. H. (1995). A Three-Dimensional Self-Consistent Computer Simulation of a Geodynamo. Nature, 377 (6546), 203-209.

43. McNeill, J. R. (2000). "Algo novo sob o sol: An environmental history of the twentieth-century world". W. W. Norton & Company.

44. Worster, D. (1994). A Economia da Natureza: A History of Ecological Ideas (2ª ed.). Cambridge University Press.

45. Hughes, J. D. (2009). "An environmental history of the world: Humankind's changing role in the community of life". Routledge.

46. Crosby, A. W. (2004). "Imperialismo ecológico: A expansão biológica da Europa, 900-1900". Cambridge University Press.

47. Merchant, C. (1989). "Revoluções Ecológicas: Nature, Gender, and Science in New England". University of North Carolina Press.

48. Simmons, I. G. (2015). "História ambiental: Uma introdução concisa". John Wiley & Sons.

49. Daily, G. C., et al. (2009). "Serviços ecossistémicos na tomada de decisões: Time to Deliver". Frontiers in Ecology and the Environment, 7(1), 21-28.

50. Daly, H. E. (1996). "Para além do crescimento: The economics of sustainable development". Beacon Press

51. Adger, W. N., et al. (2005). Social-ecological resilience to coastal disasters. Science, 309(5737), 1036-1039.

52. Berkes, F. (2009). "Indigenous ways of knowing and the study of environmental change". Journal of the Royal Society of New Zealand, 39(4), 151-156.

53. Pimbert, M. P., & Pretty, J. (1995). "Parques, pessoas e profissionais: Putting 'participation' into protected area management." UNESCO

54. Biermann, F., et al. (2012). "Navegando no Antropoceno: Melhorar a governação do sistema terrestre". Science, 335 (6074), 1306-1307.

55. Leiserowitz, A., et al. (2018). "Mudança climática na mente americana: abril de 2018". Universidade de Yale e Universidade George Mason.

56. Steffen, W., et al. (2015). Fronteiras planetárias: Guiar o desenvolvimento humano num planeta em mudança. Science, 347(6223), 1259855

57. IPCC (Painel Intergovernamental sobre as Alterações Climáticas). (2018). "Aquecimento global de 1,5°C: Relatório Especial".

58. Bullard, R. D. (Ed.) (1990) "Confronting environmental racism: Voices from the grassroots". South End Press.

59. Mayer, F. S., & Frantz, C. M. (2004). "A escala de conexão com a natureza: Uma medida do sentimento dos indivíduos em comunidade com a natureza". Journal of Environmental Psychology, 24(4), 503-515.

60. Lechner, F. J., & Boli, J. (2012). "O leitor da globalização". John Wiley & Sons.

61. Banker, S. (2005). Melhores práticas de gestão da procura: Process, Principles, and Collaboration. J. Ross Publishing.

62. Bridge, G. (2004). "Contested terrain: mining and the environment". Annual Review of Environment and Resources, 29, 205-259.

63. Foster, J. B., et al. (2010). "A fratura ecológica: A guerra do capitalismo contra a Terra". Monthly Review Press.

64. Hawken, P., et al. (2013). "Blessed Unrest: Como surgiu o maior movimento do mundo e por que ninguém o viu chegando". Penguin.

65. Painel Intergovernamental sobre as Alterações Climáticas (IPCC). (2014). Climate Change 2014: Impacts, Adaptation, and Vulnerability [Impactos, adaptação e vulnerabilidade]. Cambridge University Press.

66. Leichenko, R., & O'Brien, K. L. (2008). "Mudança ambiental e globalização: dupla exposição". Oxford University Press.

67. Vitousek, P. M., et al. (1997). "Human domination of Earth's ecosystems". Science, 277(5325), 494-499.

68. Sala, O. E., et al. (2000). "Global biodiversity scenarios for the year 2100." Science, 287(5459), 1770-1774.

69. McDonald, R. I., et al. (2008). "Urban effects, distance, and protected areas in an urbanizing world". Paisagem e Planeamento Urbano, 87(1), 229-240.

70. Fahrig, L. (2003). "Efeitos da fragmentação do habitat na biodiversidade". Annual Review of Ecology, Evolution, and Systematics, 34(1), 487-515.

71. Mayer, R. E. (1999). The Promise of Educational Psychology: Learning in the Content Areas. Prentice Hall.

72. Dockery, D. W., & Pope III, C. A. (1994). "Efeitos respiratórios agudos da poluição atmosférica por partículas". Revisão Anual de Saúde Pública, 15(1), 107-132.

73. EPA (Agência de Proteção Ambiental dos Estados Unidos). (2019). "Escoamento urbano". Recuperado de https://www.epa.gov/npdes/urban-runoff.

74. Kennedy, C., et al. (2007). "A mudança do metabolismo das cidades". Journal of Industrial Ecology, 11(2), 43-59.

75. Seto, K. C., et al. (2012). "Teleconexões de terras urbanas e sustentabilidade". Actas da Academia Nacional das Ciências, 109(20), 7687-7692.

76. Hoornweg, D., & Bhada-Tata, P. (2012). "Que desperdício: Uma análise global da gestão de resíduos sólidos". Banco Mundial.

77. Rosenzweig, C., et al. (2011). "Atribuição de impactos físicos e biológicos às alterações climáticas antropogénicas". Nature, 453 (7193), 353-357.

78. Oke, T. R. (1982). "A base energética da ilha de calor urbana". Quarterly Journal of the Royal Meteorological Society, 108(455), 1-24.

79. Shepherd, J. M. (2005). "Uma revisão das investigações actuais sobre a precipitação induzida pelas cidades e recomendações para o futuro". Interações com a Terra

80. Tucker, M. E., & Grim, J. (Eds.). (2014). "Religião e ecologia: Pode a mudança climática?" Routledge.

81. Gottlieb, R. S. (Ed.) (2006). The Oxford Handbook of Religion and Ecology. Oxford University Press.

82. Bergmann, S., & Reusswig, F. (2005). "O papel da religião na formação de atitudes ambientais". Journal for the Study of Religion, Nature, and Culture, 3(1), 69-86.

83. Gardner, G., & Chapple, C. (Eds.). (2013). "Diálogo inter-religioso e envolvimento nas alterações climáticas: Um guia para comunidades religiosas". Fórum de Yale sobre Religião e Ecologia.

84. PNUA (Programa das Nações Unidas para o Ambiente). (2021). "Sobre o PNUA".

85. ONU (Organização das Nações Unidas). (1948). "Declaração Universal dos Direitos do Homem".

86. UNESCO (Organização das Nações Unidas para a Educação, a Ciência e a Cultura). (2017). "Relatório Científico: Rumo a 2030".

87. UNAOC (Aliança das Civilizações das Nações Unidas). (2005). "Sobre a UNAOC".

88. Agrawal, A., & Gibson, C. C. (1999). "Enchantment and disenchantment: The role of community in natural resource conservation". World Development, 27(4), 629-649.
89. Berkes, F. (2009). "Indigenous ways of knowing and the study of environmental change". Journal of the Royal Society of New Zealand, 39(4), 151-156.
90. Berkes, F. (2018). "Ecologia Sagrada". Routledge
91. Brosius, J. P., et al. (1998). "Indigenous knowledge, biodiversity conservation, and development". Em Linking Social and Ecological Systems: Management Practices and Social Mechanisms for Building Resilience (pp. 249-284) Cambridge University Press.
92. Dietz, T., et al. (2003). "A luta para governar os bens comuns". Science, 302(5652), 1907-1922.
93. Berkes, F., & Ross, H. (2013). "Resiliência da comunidade: Toward an integrated approach." Sociedade e Recursos Naturais, 26(1), 5-20.
94. Hollander, G., et al. (2011). "As contribuições do meio académico para os processos públicos de decisão ambiental: O caso do planeamento da subida do nível do mar na Florida". Environmental Practice, 13(3), 217-228.
95. Fleming, L. E., et al. (2013). "O papel do ensino superior no fornecimento de uma força de trabalho qualificada: A case study of the University of Miami's response to the environmental challenges of South Florida." Environmental Health Perspectives, 121(5), 582-586.
96. Leal Filho, W., et al. (2018). "Universidades e faculdades como atores para a sustentabilidade: Apresentando um conjunto de diretrizes regionais para a América Latina." Journal of Cleaner Production, 171, 1051-1061.
97. Sterling, S., et al. (2007). "Educação sustentável: Revisioning learning and change". Green Books.
98. Vanclay, F., et al. (2013). "Aprendizagem social, prática rural e gestão sustentável de recursos". Journal of Environmental Planning and Management, 56(7), 1007-1027.
99. Lozano, R., et al. (2013). "Governando a educação da sustentabilidade: Um estudo comparativo de instituições de ensino superior". Journal of Cleaner Production, 61, 28-43.
100. Dunlap, R. E., & Van Liere, K. D. (1978). "O novo paradigma ambiental". Journal of Environmental Education, 9(4), 10-19.
101. Bauer, C., et al. (2017). "Ensino superior para a sustentabilidade: A global overview of commitment and progress." Sustainability, 9(6), 888-897.
102. Woolliams, C.,& McMillan, D. (2013). "O papel das instituições de ensino superior na construção da resiliência às alterações climáticas". Higher Education Policy, 26(3), 409-427.
103. Grogan, M., & Reynolds, P. (2015). "Responsabilidade social universitária e sustentabilidade: motivações dos estudantes e impactos do envolvimento com questões ambientais e sociais." Journal of Geography in Higher Education, 39(3), 339-354.
104. Steffen, W., et al. (2015). Fronteiras planetárias: Guiar o desenvolvimento humano num planeta em mudança. Science, 347(6223), 1259855
105. CBD (Convenção sobre a Diversidade Biológica). (2020). "Perspectivas da Biodiversidade Global 5."
106. Programa das Nações Unidas para o Desenvolvimento. (2021). Relatório de Desenvolvimento Humano 2021/2022: Tempos incertos, vidas inquietas: Moldar o nosso futuro num mundo em transformação. Programa das Nações Unidas para o Desenvolvimento.
107. Deloria Jr., V. (2003). "Espírito e Razão: The Vine Deloria Jr. Reader". Fulcrum Publishing.
108. ONU (Organização das Nações Unidas). (2015). "Transformando o nosso mundo: A Agenda 2030 para o Desenvolvimento Sustentável".

Capítulo 2

Explorar a probabilidade de Encontrar vida no espaço exterior: A Convergência da Ciência e da Religião

Resumo

A procura de vida extraterrestre tem cativado o interesse das pessoas desde há muito tempo, provocando investigação científica, reflexão filosófica e especulação prevalecente. Este estudo multidisciplinar explora a possibilidade de encontrar vida no espaço, integrando a astronomia, a astrobiologia, a filosofia e a teologia. O estudo fornece uma visão abrangente das oportunidades e desafios associados à procura de bioassinaturas, habitabilidade e as origens da vida na Terra. As descobertas sugerem que a galáxia tem um exoplaneta potencialmente habitável, tornando-o um candidato motivador para estudos adicionais. Enquanto as abordagens espectroscópicas se revelam promissoras na procura de bioassinaturas químicas nas atmosferas dos exoplanetas, os estudos dos extremófilos lançam luz sobre as condições necessárias para a vida começar e florescer. É vital promover o envolvimento e a educação do público, fomentar a cooperação internacional e intensificar as actividades de observação. A cooperação e o debate interdisciplinares são cruciais para compreender as ramificações sociais, culturais e éticas. A procura de vida extraterrestre, que continua a ser um dos esforços contínuos da humanidade para compreender o universo e o nosso papel nele, é uma das questões mais significativas e duradouras dos nossos dias. Através de esforços de colaboração e de uma investigação persistente, poderemos descobrir provas de vida para além da Terra, alterando fundamentalmente a nossa compreensão do cosmos.

Palavras-chave: Probabilidade, Astrobiologia, Ciência, Religião, Espaço, Convergência

2.1 Introdução

As pessoas têm sido fascinadas e especulam sobre a procura de vida extraterrestre. Desde as sociedades pré-históricas que observam as estrelas até aos esforços contemporâneos de exploração espacial, a humanidade sempre foi fascinada pela perspetiva de vida extraterrestre. Apesar de estarmos agora mais informados do que nunca sobre a resposta a esta antiga questão, a procura de vida extraterrestre também apresenta questões religiosas e filosóficas desafiantes.

O nosso conhecimento dos sistemas planetários e da sua capacidade para suportar a vida mudou completamente nos últimos anos devido à descoberta de centenas de exoplanetas ou planetas que orbitam estrelas fora do nosso sistema solar. Cálculos recentes sugerem que só a galáxia da Via Láctea pode conter milhares de milhões de exoplanetas potencialmente habitáveis Dressing & Charbonneau, (2015). A multiplicidade de mundos que podem ser habitáveis suscitou uma grande curiosidade e investigação sobre os pré-requisitos para que a vida surja e floresça fora da Terra. O desenvolvimento da astrobiologia, o estudo da origem, evolução e distribuição da vida no cosmos, tornou possível novos conhecimentos sobre a diversidade da vida e a sua capacidade de sobreviver em condições difíceis. A vida na Terra tem-se revelado extraordinariamente adaptável, com bactérias a viverem nas profundezas geladas da Antárctida e extremófilos a florescerem em fontes termais ácidas (Schopf & Klein, 2018). Graças a estas descobertas, os cientistas têm agora uma ampla compreensão dos potenciais habitats extraterrestres, com a perspetiva de oceanos subterrâneos em luas como Europa e Enceladus Grasset et al., (2020).

Embora a procura de vida extraterrestre seja impulsionada pela investigação científica, a nossa compreensão do mundo é influenciada pela espiritualidade. Diferentes tradições espirituais têm fornecido interpretações do lugar da humanidade no universo ao longo da história; estas visões reflectem frequentemente valores sociais e conceitos teológicos.

Este ensaio examina o potencial da vida extraterrestre, traçando a relação entre ciência e religião. Combinando pontos de vista da astronomia, da astrobiologia, da teologia e da filosofia, fornece uma visão abrangente da busca da humanidade por conhecimento sobre a vida extraterrestre e as consequências de tais descobertas para a compreensão do universo e do nosso lugar nele.

2.1.1 Justificação

A procura de vida extraterrestre é um assunto profundamente filosófico, científico e culturalmente significativo. A questão de saber se existe vida noutros lugares tornou-se significativa à medida que a humanidade continua a explorar o cosmos e a ultrapassar os limites da compreensão científica. Este trabalho pretende investigar a probabilidade de descoberta de vida noutros planetas, combinando conhecimentos de diferentes disciplinas, como a astrobiologia, a filosofia, a religião e a astronomia.

Os exoplanetas e outras descobertas astronómicas recentes alteraram profundamente o nosso conhecimento dos sistemas planetários e da sua capacidade de suportar a vida. Os cientistas e o público em geral estão entusiasmados e interessados na previsão de Dressing e Charbonneau (2015) de que poderão existir milhares de milhões de exoplanetas possivelmente habitáveis só na galáxia da Via Láctea. Além disso, a descoberta de oceanos subterrâneos em luas como Europa e Enceladus Grasset et al., (2020) sugere possibilidades interessantes para a presença de vida extraterrestre.

O estudo interdisciplinar da astrobiologia lança luz sobre os pré-requisitos para que a vida surja e floresça fora da Terra. Preocupa-se com a origem, a evolução e a dispersão da vida no universo. Os cientistas alargaram o seu conhecimento sobre a possível diversidade de formas de vida e ecossistemas, examinando os extremófilos na Terra ou as espécies que conseguem sobreviver em ambientes adversos (Schopf & Klein, 2018). Uma compreensão mais alargada das possíveis localizações da vida no universo foi possível graças a estas descobertas, que incluem agora oceanos subterrâneos, luas congeladas e atmosferas de exoplanetas.

Os pontos de vista religiosos e filosóficos e a investigação científica influenciam a nossa compreensão do potencial de vida extraterrestre. Ao longo da história, as tradições culturais têm fornecido uma variedade de pontos de vista sobre o lugar da humanidade no universo, frequentemente baseados em valores culturais e conceitos teológicos. Este estudo pretende promover o debate e uma reflexão mais profunda sobre as implicações de possíveis descobertas de vida extraterrestre para a nossa compreensão do cosmos e do nosso papel no mesmo, examinando a junção da ciência e da religião.

2.1.2 Declaração do problema

A procura de vida extraterrestre é um empreendimento complexo que envolve muitos domínios, culturas e visões do mundo diferentes. A investigação fundamental sobre a natureza da vida, da inteligência e do próprio universo está no centro da procura de vida extraterrestre. Este ensaio tem como objetivo abordar várias facetas importantes desta intrincada questão, incluindo:

Avaliação da Habitabilidade: As descobertas de exoplanetas aprofundaram o nosso conhecimento sobre a variedade de sistemas planetários no Universo. Mas avaliar se estes mundos são habitáveis requer uma compreensão complexa de elementos como as caraterísticas da superfície, a composição atmosférica e a existência de água líquida. Enquanto a investigação em curso continua a melhorar a nossa compreensão das zonas habitáveis e dos ambientes planetários, Dressing e Charbonneau (2015) apresentam estimativas do número de exoplanetas potencialmente habitáveis.

A astrobiologia fornece informações sobre as circunstâncias que devem existir para que a vida comece e se desenvolva. Os cientistas descobriram habitats onde a vida floresce em circunstâncias difíceis, examinando extremófilos na Terra (Schopf & Klein, 2018). Compreender os primórdios da vida na Terra e o potencial de ocorrência de processos semelhantes noutros locais do cosmos é necessário para avaliar a probabilidade de encontrar vida extraterrestre.

É extremamente difícil detetar vida extraterrestre. Para procurar indícios de vida em exoplanetas, os cientistas utilizam uma série de técnicas, incluindo imagens diretas, radiotelescópios e espetroscopia (Seager & Bains, 2015). Para aumentar a nossa capacidade de identificar e descrever bioassinaturas putativas, é necessário desenvolver instrumentação sofisticada e métodos de observação.

A natureza do universo e a posição da humanidade nele, bem como as crenças culturais e religiosas, são intersectadas pela busca de vida extraterrestre. Diversas tradições culturais têm perspectivas diferentes sobre a existência de vida extraterrestre, o que pode afetar a forma como o público em geral se sente em relação à busca de vida extraterrestre (Davies, 2016). É essencial compreender estes pontos de vista para promover a comunicação e a cooperação entre culturas variadas.

2.1.3 Objectivos

Objetivo geral

O objetivo geral deste estudo é investigar a probabilidade de descobrir vida no espaço utilizando uma abordagem multidisciplinar que incorpora conhecimentos de astronomia, astrobiologia, filosofia e teologia. O estudo tenta fornecer uma compreensão completa das oportunidades e problemas relacionados com a procura de vida extraterrestre e as suas implicações para a compreensão do cosmos por parte da humanidade, sintetizando conhecimentos provenientes destes domínios díspares.

Objectivos específicos

Os objectivos específicos do estudo são os seguintes

- para avaliar se um exoplaneta é habitável, analisando aspectos como as caraterísticas da superfície, a composição atmosférica e a existência de água líquida.

- para esclarecer a possibilidade de existir vida noutras partes do universo, combinando informações de modelos teóricos com observações astronómicas.

- compreender os pré-requisitos para o aparecimento e evolução da vida investigar o tema da astrobiologia

- analisar os estudos mais recentes sobre os extremófilos e a evolução da vida na Terra

- para determinar a probabilidade de processos semelhantes ocorrerem noutras partes do Universo.

- para procurar provas de vida extraterrestre e avaliar o funcionamento de diferentes técnicas de deteção.

- avaliar as possibilidades e limitações dos métodos existentes, incluindo a espetroscopia, os radiotelescópios e a imagiologia direta, na identificação de possíveis bioassinaturas em exoplanetas.

- investigar pontos de vista culturais e teológicos sobre a procura de vida extraterrestre e a sua relação com a ciência.

- compreender as consequências sociais mais vastas da procura de vida extraterrestre, examinando as crenças e atitudes de várias tradições religiosas relativamente ao potencial de vida para além da Terra.

- incentivar a comunicação e a cooperação multidisciplinares entre o público em geral, os cientistas, os teólogos e os filósofos.

• contribuir para uma compreensão mais profunda das questões complexas subjacentes à procura de vida extraterrestre e das suas implicações para a compreensão do cosmos pela humanidade, combinando conhecimentos de vários domínios.

2.1.4 Revisão da literatura

Durante milénios, a mente humana tem estado fascinada com a procura de vida extraterrestre, o que tem suscitado investigações científicas, pensamento filosófico e conjecturas culturais. Estamos agora mais preparados do que nunca para responder a este tópico de longa data devido aos desenvolvimentos registados nas últimas décadas na astronomia, astrobiologia e ciências afins. Esta revisão da literatura sintetiza as descobertas significativas e os pontos de vista dos campos para fornecer uma imagem abrangente do estado do conhecimento sobre a possibilidade de detetar vida no espaço.

Avaliação da habitabilidade

A identificação de exoplanetas nos últimos tempos revolucionou a nossa compreensão dos sistemas planetários e da sua capacidade de suportar vida. Com base em informações da missão Kepler, Dressing e Charbonneau (2015) calculam que poderão existir milhares de milhões de exoplanetas possivelmente habitáveis apenas na galáxia Via Láctea. Estes exoplanetas giram em torno da sua estrela na zona habitável, onde as condições podem ser favoráveis à existência de água líquida, componente essencial à superfície da vida tal como a conhecemos.

A capacidade de um ambiente planetário sustentar vida é designada por habitabilidade. A habitabilidade de um exoplaneta é determinada tendo em conta diversas variáveis que afectam a probabilidade de a vida se desenvolver e florescer nesse planeta. A distância do planeta à sua estrela hospedeira, a temperatura da superfície, o conteúdo de água líquida e a constituição da atmosfera são algumas das variáveis.

Zona habitável

A área em redor de uma estrela que não é nem demasiado quente nem demasiado fria para que exista água líquida à superfície de um planeta é referida como a "zona habitável" ou a "zona Goldilocks". A água é vista como um pré-requisito essencial para a habitabilidade porque é necessária para a vida tal como a conhecemos. De acordo com estudos, as caraterísticas atmosféricas do planeta e a luminosidade e o tipo espetral da estrela hospedeira afectam os limites da zona habitável (Kopparapu et al., 2013).

Propriedades estelares

O tamanho, a temperatura e a estabilidade da estrela hospedeira são factores importantes que afectam a possibilidade de os exoplanetas serem ou não habitáveis. As estrelas anãs M são de grande interesse porque são mais pequenas e mais frias do que o Sol e têm uma maior probabilidade de ter planetas habitáveis Dressing & Charbonneau, (2015). As caraterísticas da atmosfera e da superfície dos exoplanetas podem ser afectadas pela radiação estelar, particularmente a radiação ultravioleta (UV) e de raios X, o que pode prejudicar a habitabilidade do planeta Lammer et al., (2009).

Composição atmosférica

A composição da atmosfera de um exoplaneta desempenha um papel significativo na determinação do seu grau de habitabilidade. Espécies gasosas, incluindo dióxido de carbono, metano e oxigénio, podem oferecer pistas importantes sobre a existência de vida. É possível investigar a composição das atmosferas planetárias. Técnicas espectroscópicas e imagens diretas podem ser utilizadas para identificar gases bioassinaturais Seager et al., (2016).

Condições da superfície

Ao determinar se um exoplaneta é habitável, a temperatura da superfície, a atividade geológica e a existência de água líquida são considerações importantes. Pensa-se que os planetas com condições de superfície estáveis e a possibilidade de água líquida têm maior probabilidade de albergar vida.

A investigação sobre geologia planetária, que inclui atividade tectónica, presença de oceanos e continentes, pode esclarecer se os exoplanetas são habitáveis no futuro (Lammer et al., 2008).

Dinâmica planetária

A dinâmica planetária, como a inclinação axial, a estabilidade orbital e a presença de luas, também pode afetar a habitabilidade de um exoplaneta. Os climas amenos e estáveis em órbita são ideais para o aparecimento de vida. Para além de oferecerem fontes extra e para possíveis formas de vida, as luas podem ajudar a manter a estabilidade das órbitas planetárias Heller & Barnes, (2013).

Para avaliar a habitabilidade dos exoplanetas é necessária uma abordagem interdisciplinar que incorpore informação da astrobiologia, das ciências planetárias e da astronomia. Ao examinar as caraterísticas dos exoplanetas e das estrelas que os suportam, os cientistas podem encontrar locais para explorar no futuro e aprender mais sobre a possibilidade de vida extraterrestre.

Origem da vida

O objetivo é compreender as circunstâncias que devem existir para que a vida comece e se desenvolva no universo. No seu relato exaustivo dos primórdios da vida na Terra, Schopf e Klein (2018) sublinham a importância dos organismos extremófilos capazes de sobreviver em ambientes adversos para o avanço do nosso conhecimento das condições hospitaleiras. Os investigadores podem aprender mais sobre a possibilidade de processos semelhantes ocorrerem noutras partes do universo, examinando a Terra primitiva e a possibilidade de a vida existir em circunstâncias adversas.

Métodos de deteção

Embora existam muitos obstáculos tecnológicos à descoberta de vida celeste, os novos desenvolvimentos nos métodos de observação oferecem possibilidades interessantes de investigação. Seager e Bains (2015) examinam as potenciais moléculas de gás bioassinatura que podem indicar a existência de vida e a sua detetabilidade em exoplanetas. Métodos como a imagem direta, que tira fotografias de exoplanetas e das suas caraterísticas, e a espetroscopia, que examina a composição química das atmosferas dos exoplanetas, são promissores na procura de vida extraterrestre.

2.1.5 Perspectivas culturais e religiosas

A natureza do universo e a posição da humanidade no mesmo, bem como as crenças culturais e religiosas, são intersectadas pela procura de vida extraterrestre. Nesta avaliação das perspectivas sociais em relação ao potencial de inteligência extraterrestre, Davies (2016) enfatiza a influência que a cultura popular, a ficção científica e as convicções religiosas têm na opinião pública. Conhecer a forma como as várias tradições religiosas encaram o potencial de vida extraterrestre pode ajudar a compreender as atitudes e os valores de uma sociedade mais alargada.

Este resumo realça a natureza multidisciplinar da procura de vida celeste, incluindo conceitos de astronomia, filosofia, teologia e estudos culturais. Embora a nossa compreensão da possibilidade de vida no espaço tenha avançado significativamente, há ainda muitas perguntas sem resposta. Para aprofundar a nossa compreensão da probabilidade de descoberta de vida no espaço e das suas implicações para o lugar da humanidade no universo, precisamos de fazer mais investigação e exploração utilizando uma variedade de pontos de vista e métodos.

2.2 Materiais e métodos

2.2.1 Materiais

Recolha de dados

Foi obtida uma seleção de material relevante sobre astrobiologia em revistas científicas e bases de dados, como a PubMed e o Google Scholar. Este material incluía estudos sobre bioassinaturas, habitabilidade e as origens da vida.

2.2.2 Métodos

Análise de dados

A literatura sobre as origens da vida na Terra e o potencial para a existência de vida em ambientes adversos foi revista e sintetizada para determinar a probabilidade de processos comparáveis ocorrerem noutros locais do cosmos.

Análise cultural e religiosa

A literatura foi revista para identificar temas, crenças e perspectivas comuns em diferentes tradições sobre as perspectivas religiosas e culturais da vida extraterrestre. A avaliação de livros filosóficos, textos religiosos e artefactos culturais teve como objetivo fornecer uma visão sobre as diversas perspectivas defendidas por diferentes culturas e crenças relativamente à possibilidade de vida para além da Terra.

Síntese e interpretação

Uma síntese abrangente de informações provenientes de catálogos planetários, estudos culturais e religiosos e estudos de astrobiologia deu uma visão detalhada das hipóteses de encontrar vida no espaço. A fusão de conhecimentos de outros domínios promoveu o debate e a colaboração multidisciplinares, resultando, em última análise, numa compreensão mais profunda das consequências da possível descoberta de vida extraterrestre.

Considerações éticas

Respeito pelas crenças culturais e religiosas: Foi dada grande atenção ao respeito pelos vários pontos de vista culturais e religiosos sobre a vida extraterrestre ao longo da investigação. Os dados foram interpretados e apresentados tendo em consideração as diferentes opiniões e padrões morais. A correção e a fiabilidade das conclusões do estudo foram garantidas por princípios e procedimentos científicos aceites ao longo das fases de análise e interpretação dos dados.

2.3 Resultados e discussões

2.3.1 Tamanho do exoplaneta e propriedades estelares

Os exoplanetas variam significativamente em tamanho e circundam uma grande diversidade de tipos de estrelas, cada uma com qualidades distintas que afectam as suas caraterísticas e potencial habitabilidade. Os tamanhos dos exoplanetas variam muito; podem ser planetas rochosos do tamanho da Terra ou gigantes gasosos várias vezes maiores do que Júpiter. Os tamanhos dos exoplanetas são frequentemente estimados usando técnicas como a fotometria de trânsito e as medições da velocidade radial, que avaliam a forma como a órbita de um planeta provoca a sua oscilação gravitacional ou como a luz de uma estrela diminui quando passa à sua frente.

Usando informações da missão Kepler, que observou centenas de candidatos a exoplanetas, Dressing e Charbonneau (2015) apresentam estimativas da distribuição do tamanho dos exoplanetas. Numerosos planetas que se enquadram nas categorias de "super-Terras" e "mini-Neptuno", ou planetas que são maiores do que a Terra mas mais pequenos do que Neptuno, foram encontrados entre a enorme gama de tamanhos encontrada nesta investigação.

As caraterísticas dos exoplanetas, como a composição, temperatura e possível habitabilidade, são significativamente influenciadas pelos atributos da estrela hospedeira. A massa, a temperatura, a metalicidade e a evolução do sistema planetário de uma estrela têm efeitos adversos.

As estrelas anãs M, mais pequenas e frias, estão associadas à presença de exoplanetas potencialmente habitáveis. Dressing e Charbonneau (2015) descobriram que, nas suas zonas habitáveis, as áreas onde as condições da superfície seriam propícias à existência de água líquida, as anãs M têm maior probabilidade de albergar exoplanetas do tamanho da Terra.

A formação de planetas rochosos também pode ser influenciada pela metalicidade de uma estrela ou pelo número de elementos mais pesados do que o hidrogénio e o hélio. Em comparação com os gigantes gasosos, os planetas com superfícies sólidas têm maior probabilidade de serem encontrados em torno de estrelas com maior metalicidade. Estudos como o conduzido por Fischer e Valenti (2005), que descobriram uma ligação entre a metalicidade das estrelas e a existência de planetas gigantes gasosos, notaram esta relação entre a metalicidade estelar e a composição planetária.

Compreender o tamanho e as propriedades estelares dos exoplanetas é essencial para determinar se são ou não habitáveis e para orientar os esforços futuros de estudo dos sistemas planetários extra-solares.

Habitabilidade, bioassinaturas e a origem da vida Perspectivas científicas

As circunstâncias necessárias para que a vida surja e floresça num corpo planetário são designadas por habitabilidade. A habitabilidade de um planeta é influenciada por diversas variáveis, incluindo a sua composição atmosférica, temperatura da superfície, conteúdo de água líquida e distância da sua estrela hospedeira.

A investigação de Dressing e Charbonneau (2015) examinou a possibilidade de existirem planetas habitáveis em torno de anãs M, que são mais calmas e mais pequenas do que o Sol. Os seus resultados aumentam a possibilidade de descobrir mundos habitáveis fora do nosso sistema solar, indicando que exoplanetas do tamanho da Terra dentro das zonas habitáveis de estrelas anãs M podem ser predominantes em toda a galáxia.

A ideia de zonas habitáveis em torno de estrelas onde as condições seriam favoráveis à existência de água líquida na superfície de um planeta tem sido objeto de mais investigação. Kopparapu et al. (2013) criaram um modelo para determinar os limites da zona habitável para vários tipos de estrelas, oferecendo novas informações importantes sobre a variedade de condições que suportam a vida.

As caraterísticas observáveis ou materiais conhecidos como bioassinaturas apontam para a existência de vida num corpo planetário. Estas podem conter moléculas orgânicas complexas que podem ser sinais de vida e gases produzidos por processos biológicos como o oxigénio e o metano.

Uma lista de compostos foi determinada por Seager e Bains (2015) como possíveis gases de bioassinatura para a busca de vida extraterrestre. A sua investigação tem em conta variáveis como a estabilidade destes químicos em atmosferas planetárias e a detetabilidade por telescópio, fornecendo orientações para futuras observações destinadas a encontrar provas de vida extraterrestre.

É necessária instrumentação avançada e métodos de observação para identificar bioassinaturas. Os métodos prospectivos para identificar bioassinaturas em mundos longínquos incluem a espetroscopia, que examina a composição química das atmosferas dos exoplanetas, e a imagem direta, que tira fotografias dos exoplanetas e das suas caraterísticas.

O tema central da Astrobiologia, a génese da vida, examina a forma como moléculas orgânicas simples se desenvolveram nos intrincados sistemas bioquímicos que estão presentes nos seres vivos actuais. Os investigadores apresentaram várias teorias sobre as possíveis origens da vida na Terra, bem como sobre a possibilidade de ocorrerem processos comparáveis noutras partes do cosmos, embora os mecanismos precisos sejam ainda desconhecidos.

Compreender as condições que existiam no início da Terra e os processos pelos quais as moléculas pré-bióticas poderiam ter sido sintetizadas e organizadas nos primeiros seres vivos são duas das principais áreas de investigação sobre os primórdios da vida. Pesquisas como a realizada por Schopf e Klein (2018) lançam luz sobre as condições e os mecanismos que podem ter ajudado a vida a surgir na Terra.

Além disso, a descoberta de organismos extremófilos que resistem a ambientes adversos, como fontes termais ácidas e fontes marinhas profundas, aumentou o nosso conhecimento sobre a possível diversidade de formas de vida e ecossistemas. Os cientistas podem aprender mais sobre as circunstâncias que poderiam permitir o desenvolvimento e o florescimento da vida noutros habitats planetários.

2.3.2 Perspectivas das tradições religiosas sobre a vida extraterrestre

O cristianismo

Reflectindo uma variedade de interpretações teológicas, o cristianismo apresenta uma variedade de pontos de vista relativamente ao potencial da vida extraterrestre. De acordo com algumas interpretações cristãs, a Bíblia enfatiza o lugar primordial da humanidade no plano de Deus e sugere que a Terra é única entre as criações de Deus. Alguns cristãos, por outro lado, têm uma visão mais alargada da Bíblia, especulando que podem existir outros mundos habitados dentro da extensão da criação de Deus.

Lewis (19380), um conhecido teólogo e autor de livros cristãos, fez algumas especulações sobre a existência de vida extraterrestre no seu livro "Out of the Silent Planet" e nas suas continuações. Ele apresentou a teoria de que Deus poderia ter criado outros mundos com seres sensíveis, cada um dos quais estaria consciente da sua ligação com o divino.

Islão

Com base em várias leituras das escrituras islâmicas e preceitos teológicos, as crenças islâmicas sobre a vida extraterrestre são complexas e variadas. Embora o Alcorão não faça qualquer menção à vida extraterrestre, alguns académicos islâmicos especulam que, devido à dimensão e diversidade da criação de Deus, poderá haver mais mundos habitados.

Maurice Bucaille aborda a ideia corânica de "al-Alamin", que é por vezes traduzida como "mundos" ou "universos", no seu livro "The Bible, the Qur'an, and Science". Alguns muçulmanos entendem que isto significa que existem outros mundos habitados fora da Terra (Bucaille, 1976).

Hinduísmo

O hinduísmo admite o potencial de vida extraterrestre ao fornecer pontos de vista cosmológicos ricos e intrincados. Os textos hindus, como os Vedas e os Puranas, retratam um grande universo interligado, cheio de muitos tipos de seres, como deuses, semideuses e criaturas celestiais.

A presença de veículos voadores, ou vimanas, e as interações com criaturas celestiais nos dois antigos épicos hindus, o Ramayana e o Mahabharata, sugerem uma crença na realidade de reinos e entidades de outro mundo (Frawley, 1994).

Judaísmo

A literatura rabínica e as interpretações das escrituras judaicas moldam a visão judaica sobre a existência extraterrestre. Alguns pensadores judeus argumentam que a presença de outros mundos habitados pode ser compatível com a teologia judaica, apesar da tradição judaica enfatizar o vínculo especial de aliança entre Deus e o povo judeu.

Maimonides, um filósofo e teólogo judeu de renome, é explorado em profundidade em "The Life and World of One of Civilization's Greatest Minds". Maimónides faz conjecturas sobre a possibilidade de vida extraterrestre e as suas implicações para a teologia judaica (Kraemer, 2008).

Budismo

As várias tradições e escolas de pensamento budistas têm opiniões diferentes sobre a vida extraterrestre. Pessoas diferentes interpretam a cosmologia budista de forma diferente, apesar de esta mencionar vários reinos de existência, incluindo reinos celestiais habitados por criaturas celestiais (devas).

O Dalai Lama, o chefe espiritual do budismo tibetano, propôs que os ensinamentos budistas sobre a interdependência e a interligação de todas as criaturas se podem aplicar a outros mundos habitados e mostrou abertura à possibilidade de vida extraterrestre (Dalai Lama & Cutler, 2005).

2.3.3 Deteção de vida extraterrestre através de espetroscopia

Os astrónomos utilizam o potencial da espetroscopia para examinar a composição das atmosferas planetárias e procurar provas de vida extraterrestre. A espetroscopia é o estudo da absorção e emissão de luz em vários comprimentos de onda para identificar compostos importantes ligados à vida, ou "bioassinaturas".

Fundamentos de Espectroscopia

A espetroscopia é o processo de divisão da luz nos seus comprimentos de onda. Isto resulta num espetro que pode ser examinado e utilizado para identificar moléculas e elementos químicos específicos. Dispositivos especializados podem identificar assinaturas espectrais distintas produzidas por várias substâncias à medida que absorvem e emitem luz em comprimentos de onda específicos.

Procura de gases bioassinaturais

Estes compostos podem acumular-se na atmosfera de um planeta devido à atividade biológica e servem como indicadores da existência de vida. O metano (CH4) e o oxigénio (O2) são considerados gases bioassinatura na Terra porque são produzidos pela atividade microbiana e pela fotossíntese.

Métodos de espetroscopia de exoplanetas

Os observatórios espaciais com espectrógrafos, como o Telescópio Espacial Hubble e o Telescópio Espacial James Webb, são normalmente utilizados para efetuar a espetroscopia das atmosferas de exoplanetas. Estes aparelhos examinam a luz proveniente dos espectros de emissão ou que transita através das atmosferas de exoplanetas longínquos para determinar a sua composição.

Encontrar bioassinaturas

Ao contrastar os padrões de absorção ou emissão observados com modelos teóricos e dados laboratoriais, os investigadores procuram gases bioassinaturais nos espectros planetários. Entre os gases bioassinatura promissores para a deteção de exoplanetas encontram-se o óxido nitroso (N2O), o oxigénio, o metano e o ozono (O3).

Limitações e desafios

A cobertura de nuvens e a neblina atmosférica podem obscurecer as caraterísticas espectrais e complicar a identificação de gases bioassinaturais nos espectros planetários. Além disso, a interpretação dos dados espectroscópicos é complicada pela possibilidade de processos não biológicos produzirem moléculas semelhantes. Apesar destas dificuldades, os desenvolvimentos na modelação teórica e nos métodos de observação deverão ajudar-nos a tornarmo-nos mais competentes na identificação de gases bioassinaturais nas atmosferas de exoplanetas. Esperamos que o lançamento iminente do Telescópio Espacial James Webb transforme a espetroscopia de exoplanetas e faça avançar o nosso conhecimento da vida extraterrestre.

2.3.4 A origem da vida na perspetiva da ciência e da religião

Perspetiva científica

O objetivo da investigação científica sobre a génese da vida é compreender como é que moléculas orgânicas simples evoluíram para os sofisticados sistemas bioquímicos presentes nos seres vivos actuais. Embora os mecanismos exactos sejam ainda desconhecidos, muitas teorias têm sido avançadas à luz de dados experimentais e de quadros teóricos.

Stanley Miller e Harold Urey propuseram a ideia da "sopa primordial" na década de 1950, que afirma que os gases elementares e as fontes de energia fizeram com que as moléculas orgânicas surgissem inicialmente como uma "sopa" na atmosfera da Terra primitiva (Miller, 1953). A investigação posterior demonstrou que as moléculas orgânicas complexas, como os aminoácidos, podem desenvolver-se em ambientes que imitam os ambientes primordiais.

De acordo com a hipótese do universo de ARN, o ARN foi o material genético original antes do ADN. O ARN é uma molécula que pode armazenar informação genética e catalisar reacções químicas. As formas primitivas de vida podem ter surgido como resultado do facto de as moléculas de ARN actuarem como catalisadores dos primeiros processos metabólicos e modelos de replicação (Gilbert, 1986).

Outras ideias sublinham a importância dos processos geoquímicos e dos minerais catalíticos na vida, como o modelo do metabolismo primeiro e a teoria do mundo de ferro-enxofre. De acordo com estas teorias, a vida pode ter-se originado em fontes hidrotermais ou noutros ambientes geológicos com abundância de moléculas orgânicas e energia (Wachtershauser, 1988).

Embora cada uma destas teorias forneça elementos esclarecedores sobre as origens da vida, a ordem exacta dos acontecimentos é ainda desconhecida. A química pré-biótica, a biologia de sistemas e a astrobiologia são apenas algumas das áreas em que o estudo em curso está a ajudar-nos a compreender melhor os mecanismos que deram origem à vida.

Perspetiva teológica

Diversas tradições religiosas têm respostas diferentes para a questão de como a vida começou, colocando frequentemente as suas respostas dentro de quadros teológicos e cosmológicos mais alargados. As tradições religiosas diferem nas suas interpretações, mas muitas delas têm temas e ideias semelhantes sobre a natureza da criação e o lugar da humanidade nela.

Embora existam várias interpretações do Génesis entre os cristãos, alguns consideram-no como uma narrativa alegórica ou simbólica que revela verdades mais profundas sobre a ligação de Deus com a humanidade (Collins, 2006).

O Alcorão do Islão afirma que Deus é o criador de tudo e realça o valor da introspeção e do estudo do mundo natural. Os estudiosos islâmicos têm diferentes interpretações da história da criação no Alcorão; alguns consideram-na coerente com as teorias científicas relativas à origem da vida (Nasr, 2006).

As histórias cosmológicas, como os Puranas, caracterizam o universo no Hinduísmo como cíclico, com fases de criação, preservação e desintegração. A unidade de todos os seres vivos e a presença de Deus na natureza são conceitos altamente valorizados no hinduísmo (Zimmer, 1951).

A história da criação da Torá no judaísmo apresenta Deus como o criador do cosmos e de toda a vida. Os teólogos judeus interpretam a história da criação de várias formas; alguns enfatizam o seu significado metafórico ou simbólico, enquanto outros a tomam literalmente como um registo dos feitos criativos de Deus (Neusner, 2003).

Embora os métodos e as interpretações dos pontos de vista científicos e religiosos sobre a origem da vida possam ser divergentes, muitas pessoas e grupos consideram importante combinar os conhecimentos de ambos os domínios de estudo. Podemos aprofundar a nossa compreensão dos mistérios fundamentais da vida e do nosso lugar no universo, promovendo a comunicação e o respeito mútuo.

2.3.5 Perspectivas culturais sobre a vida extraterrestre

Sociedades e civilizações distintas têm percepções culturais muito diferentes da vida extraterrestre, um reflexo dos seus sistemas de crenças, folclore e histórias culturais. Estes pontos de vista convergem frequentemente com a cultura popular, a mitologia, a literatura e as artes, influenciando a forma como as pessoas e as culturas encaram o potencial de vida extraterrestre.

Civilizações antigas

Numerosas sociedades antigas criaram mitos de criação e cosmologias ao longo da história que incluíam a noção de vida extraterrestre. Por exemplo, Ra, o deus do sol, e Nut, a deusa do céu, estavam entre os deuses e criaturas celestiais ligados às estrelas e planetas na mitologia egípcia antiga (Wilkinson, 2003).

Numerosas sociedades antigas criaram mitos de criação e cosmologias ao longo da história que incluíam a noção de vida extraterrestre. Por exemplo, Ra, o deus do sol, e Nut, a deusa do céu, estavam entre os deuses e criaturas celestiais ligados às estrelas e planetas na mitologia egípcia antiga (Wilkinson, 2003).

Os deuses e os corpos celestes eram frequentemente combinados na mitologia mesopotâmica, com os deuses a representarem os planetas e as estrelas. Uma das primeiras obras literárias conhecidas, a Epopeia de Gilgamesh, faz referências a criaturas celestiais e a regiões longínquas (George, 2003).

Folclore e tradições populares

Muitos mitos e contos relativos a interações com entidades extraterrestres podem ser encontrados no folclore e nas tradições tradicionais de todo o mundo. As ideias culturais sobre a natureza do universo e o lugar da humanidade nele são frequentemente reflectidas nestes contos.

A crença de que o "povo das estrelas" ou os "seres do céu" vieram à Terra para transmitir conhecimento e sabedoria à humanidade é um exemplo dos tipos de contos encontrados na mitologia dos nativos americanos (Hultkrantz, 1996). Muitas tribos em África, na Ásia e nas ilhas do Pacífico têm contos semelhantes a estes.

Literatura e Arte

Há muito que os temas da vida extraterrestre e dos segredos cósmicos são explorados na literatura e nas artes. Artistas e autores têm imaginado uma variedade de formas de vida extraterrestre e as suas relações com os seres humanos em tudo, desde romances modernos de ficção científica a murais encontrados em grutas antigas.

Em particular, escritores de ficção científica como H.G. Wells, Isaac Asimov e Arthur C. Clarke, que imaginaram mundos repletos de civilizações extraterrestres e tecnologia de ponta, tiveram uma enorme influência na forma como a sociedade encara a vida extraterrestre (Csicsery-Ronay Jr., 2008).

Cultura popular

A forma como a vida extraterrestre é retratada e vista pela sociedade é muito influenciada pela cultura popular, que inclui televisão, filmes e videojogos. Os extraterrestres têm sido retratados de várias formas, desde filmes icónicos como "E.T., o Extraterrestre" a franchises populares como "Guerra das Estrelas" e "Caminho das Estrelas", com diferenças no aspeto, comportamento e motivações. Para além de alimentarem conjecturas e interesse relativamente à potencial existência de vida para além da Terra, estas representações culturais espelham frequentemente os medos, esperanças e aspirações do mundo moderno (Kellner, 2010).

Diálogo Interdisciplinar

Os pontos de vista culturais sobre a vida extraterrestre fornecem informação perspicaz sobre a imaginação humana e o nosso interesse comum pelo desconhecido. Através de um discurso interdisciplinar que incorpora a sociologia, a antropologia e os estudos culturais, podemos obter uma compreensão mais profunda da forma como as crenças culturais influenciam as nossas concepções do universo.

Poderá encorajar uma abordagem mais inclusiva e abrangente para aprofundar as maravilhas do cosmos e o nosso papel no mesmo, abraçando a diversidade e reconhecendo as diferenças culturais.

Os pontos de vista culturais sobre a vida extraterrestre, que atravessam o tempo e o espaço para explorar as maravilhas do cosmos, representam o interesse persistente e a criatividade da humanidade, desde a mitologia antiga à ficção científica contemporânea.

O caso do Antigo Egito

As percepções culturais dos antigos egípcios sobre o universo, incluindo a probabilidade de vida extraterrestre, foram grandemente influenciadas por histórias mitológicas e crenças cosmológicas. Várias facetas da religião egípcia antiga apontam para uma curiosidade acerca dos corpos celestes e da vida extraterrestre, apesar da sua riqueza e complexidade.

O panteão de deuses e deusas da mitologia egípcia antiga estava ligado a corpos celestes como o sol, a lua e as estrelas. A título de exemplo, Ra, o deus do sol, era uma figura importante na mitologia egípcia e representava a capacidade do sol para sustentar a vida (Wilkinson, 2003).

Nut, a deusa do céu, representava a ordem cósmica e o ciclo dia-noite como uma senhora vestida de estrelas que se arqueava sobre a Terra (Wilkinson, 2003). Estas divindades celestiais, que governavam a terra e os céus, eram adoradas e veneradas como entidades divinas.

Os intrincados mitos da criação e os contos cosmogónicos que explicavam a natureza da existência e os primórdios do universo faziam parte da antiga cosmologia egípcia. De acordo com Wilkinson (2003), estes mitos retratavam frequentemente os deuses como forças cósmicas que esculpiam a terra e os céus.

A preocupação com o reino celeste e a perspetiva de existência para além da Terra pode ser vista na ideia egípcia da vida após a morte, que inclui crenças sobre a viagem da alma para as estrelas e para o reino dos deuses (Pinch, 2002). Um manuscrito dos rituais funerários chamado Livro dos Mortos inclui feitiços e encantamentos destinados a ajudar os mortos a encontrar o caminho para as estrelas e a guiá-los através da vida após a morte.

Os alinhamentos celestes estavam entrelaçados nos rituais arquitectónicos e religiosos dos antigos egípcios, que eram excelentes observadores dos céus, com base em provas encontradas na sua arqueologia. Os monumentos e os templos eram frequentemente posicionados de forma a corresponderem aos movimentos dos planetas, das estrelas e do Sol (Romer, 2012).

Por exemplo, as pirâmides de Gizé podem ter sido concebidas para representar o espírito do faraó a ascender às estrelas devido à sua espantosa precisão no alinhamento com as direcções cardeais (Lehner, 2008). A cultura egípcia antiga tinha uma profunda ligação entre os reinos terrestre e celeste, o que se reflecte nestas maravilhas arquitectónicas.

A mitologia egípcia antiga, as crenças cosmológicas e a reverência pelos seres celestiais apontam para um fascínio pelos mistérios do cosmos e pela possibilidade de vida para além da Terra, embora a religião não abordasse diretamente a ideia de vida extraterrestre tal como é entendida em termos modernos.

Percepções da cultura chinesa

A cultura chinesa oferece pontos de vista distintos sobre o potencial da vida extraterrestre devido à sua rica história e variedade de sistemas de crenças. Embora a mitologia e a cosmologia chinesas não abordem especificamente a ideia de vida extraterrestre como o faz a ciência moderna, vários aspectos culturais apontam para uma preocupação com o espaço e os fenómenos celestes.

Os dragões celestiais eram vistos como entidades fortes ligadas aos céus e ao mundo natural na mitologia tradicional chinesa. Pensava-se que estes dragões representavam a ordem e o equilíbrio cósmicos, regulando o movimento de corpos celestes como o sol, a lua e as estrelas (Werner, 1922).

Na religião e mitologia chinesas, a ideia de guardas cósmicos, ou "Xian", era também muito significativa. Estas criaturas lendárias foram incumbidas de preservar a paz no cosmos e de defender a terra e os céus das influências maléficas (Birrell, 1993).

O "Tianwen", ou astrologia chinesa antiga, baseava-se no estudo dos fenómenos celestes e na forma como estes afectavam os assuntos humanos. A adivinhação astrológica era usada para orientar as técnicas agrícolas, prever a boa e a má sorte e fazer julgamentos sobre a guerra e o governo (Nylan, 2001).

O zodíaco chinês representa o impacto dos corpos celestes e dos seus movimentos nos acontecimentos terrestres, designando signos animais para cada ano num ciclo de doze anos. Cada signo animal está ligado a caraterísticas e qualidades específicas, indicando uma crença na ligação entre as forças celestiais e o destino humano.

Muitos mitos e histórias sobre deuses, deusas e outras criaturas mitológicas ligadas ao céu e às estrelas podem ser encontrados na mitologia chinesa. Por exemplo, uma figura proeminente da mitologia e do folclore chineses, Chang'e, a "Deusa da Lua", representa a mística e a beleza do domínio lunar (Birrell, 1993).

Um dos quatro grandes romances clássicos da literatura chinesa, "Viagem ao Ocidente" conta a história das aventuras do protagonista através do céu e do submundo, onde conhece animais fantásticos e seres celestiais (Wu, 2012).

O culto celestial e o respeito pelos céus são componentes comuns dos festivais e rituais tradicionais chineses. Os rituais, os sacrifícios e as cerimónias são utilizados para celebrar festivais como o Festival do Barco-Dragão e o Festival do Meio outono, que prestam homenagem aos espíritos dos antepassados e às divindades celestiais (Schafer, 1963).

A crença na continuação da vida para além do reino terreno reflecte-se em práticas como o culto dos antepassados e a reverência de indivíduos históricos deificados, o que sugere uma abertura cultural à possibilidade de existirem seres noutros mundos.

A mitologia, o folclore e as crenças cosmológicas da China antiga fornecem informações importantes sobre o fascínio duradouro da humanidade pelo cosmos e pelos mistérios do universo, apesar de não considerarem expressamente a existência de vida extraterrestre tal como definida pela ciência moderna.

Percepções de várias culturas

Várias civilizações têm várias perspectivas sobre a vida extraterrestre, cada uma com as suas ideias formadas pela sua mitologia, história e sistemas de crenças.

A cultura iraniana respeita o mundo natural e os fenómenos celestes devido à sua rica tradição de mitologia persa e às influências zoroastrianas. O universo é retratado como um campo de batalha entre as forças da luz e das trevas no Zoroastrismo, uma antiga religião persa, em que os anjos e os demónios desempenham papéis importantes (Boyce, 1983).

Temas como o amor divino, a unidade cósmica e a interconexão de toda a criação são frequentemente explorados na poesia persa, especialmente nas obras de poetas como Rumi e Hafez. A literatura persa oferece uma visão do papel da humanidade no universo através dos seus temas místicos e cosmológicos, embora não aborde diretamente a vida extraterrestre (Schimmel, 1992).

Com as suas extensas tradições mitológicas e intelectuais, a cultura grega antiga teve um impacto significativo na imaginação e na filosofia ocidentais. De acordo com a mitologia grega, os deuses e deusas que supervisionavam os assuntos humanos e o mundo natural viviam nos céus (Graves, 1992).

O filósofo grego Platão (c. 360 a.C.) conjecturou a possibilidade de ciclos cósmicos e outros reinos nos seus diálogos como "Timeu", que descreve uma ordem cósmica sob o controlo da inteligência divina. Embora a filosofia e a mitologia gregas sejam anteriores às concepções modernas de vida extraterrestre, não deixam de influenciar as concepções modernas do universo.

Devido às suas antigas raízes mesopotâmicas e ao seu passado islâmico, a cultura iraquiana valoriza profundamente o mundo natural e os fenómenos celestes. Os deuses e os corpos celestes eram frequentemente combinados na mitologia mesopotâmica, com os deuses a representarem os planetas e as estrelas (George, 2003).

De acordo com a cosmologia islâmica expressa no Alcorão e no Hadith, os anjos são mensageiros e protectores do mundo celestial, e Deus é o criador da terra e dos céus (Nasr, 2006). A teologia islâmica fornece um quadro para refletir sobre as maravilhas do cosmos, apesar de não abordar diretamente a vida extraterrestre. Isto deve-se à sua ênfase na criação divina e na ordem cósmica.

A cultura turca é uma combinação de tradições anatólias, islâmicas e ocidentais devido à sua vasta gama de influências históricas e teológicas. Entidades celestiais como o "Kut" (espírito) e o "Yildiz" (estrela) eram consideradas forças divinas que governavam o mundo natural na mitologia da Anatólia (Bayrak, 2016).

O misticismo islâmico, ou sufismo, enfatiza a unidade de toda a criação e a busca mística do conhecimento e da união divinos. Os poetas e filósofos sufistas, como Mevlana Rumi e Yunus Emre, utilizavam frequentemente imagens e metáforas celestiais para explorar as verdades espirituais e a interligação de toda a existência (Chittick, 1983).

Embora cada uma destas culturas ofereça perspectivas únicas sobre o cosmos e o lugar da humanidade no mesmo, partilham um fio condutor comum de admiração, reverência e curiosidade sobre os mistérios do universo e a possibilidade de vida para além da Terra.

Percepções das culturas europeias

A Europa apresenta um vasto leque de pontos de vista sobre o potencial de vida extraterrestre devido à sua mitologia, história e legado cultural variados. As civilizações europeias investigaram e conjecturaram sobre a presença de entidades fora da Terra, desde a mitologia clássica até à investigação científica contemporânea.

As antigas culturas europeias, como as dos gregos, romanos, celtas e nórdicos, desenvolveram mitologias que incluíam frequentemente deuses e seres sobrenaturais associados aos céus e aos corpos celestes. Estas mitologias reflectiam um profundo fascínio pelo cosmos e pelos mistérios do céu noturno (Graves, 1992; Lindow, 2001).

Por exemplo, a mitologia nórdica apresentava deuses e deusas como Odin, Thor e Freyja, que habitavam em reinos celestiais como Asgard e estavam associados a fenómenos celestiais como o sol, a lua e as estrelas (Crossley-Holland, 1993). Do mesmo modo, a mitologia grega e romana retratava deuses como Apolo e Diana como patronos do sol e da lua, respetivamente (Graves, 1992).

Durante a Idade Média, a cosmologia europeia foi profundamente influenciada pela teologia cristã e pela filosofia escolástica. Estudiosos medievais como Tomás de Aquino e Roger Bacon especularam sobre a natureza do cosmos e o lugar da humanidade no mesmo, interpretando frequentemente os fenómenos celestes através de uma lente teológica (Grant, 1994; Hannam, 2009).

A escatologia cristã, ou o estudo do fim dos tempos, também desempenhou um papel na formação das perspectivas europeias sobre a vida extraterrestre. Textos apocalípticos, como o Livro do Apocalipse, descreviam eventos celestiais e seres celestiais, alimentando a especulação sobre a existência de reinos de outro mundo para além da Terra (Kirsch, 2006).

Os períodos da Renascença e do Iluminismo testemunharam um ressurgimento do interesse pela ciência, pela exploração e pela investigação racional. Estudiosos europeus como Nicolau Copérnico, Galileu Galilei e Johannes Kepler revolucionaram a nossa compreensão do cosmos, desafiando as crenças cosmológicas tradicionais e abrindo caminho para a astronomia moderna (Koestler, 1959; Westman, 2011).

Os pensadores do Iluminismo, incluindo Immanuel Kant e Voltaire, especularam sobre a possibilidade de vida extraterrestre nos seus escritos, imaginando um universo repleto de mundos habitados e seres inteligentes (Kant, 1755; Voltaire, 1752).

Na era moderna, os cientistas e astrónomos europeus têm continuado a explorar a possibilidade de vida extraterrestre através da observação empírica e da modelização teórica. A descoberta de exoplanetas, os avanços na astrobiologia e a procura de bioassinaturas no cosmos são áreas de investigação em curso que prometem revelar provas de vida para além da Terra (Seager, 2013; Ward & Brownlee, 2000).

As agências espaciais europeias, como a ESA (Agência Espacial Europeia) e organizações como a SETI (Search for Extraterrestrial Intelligence), contribuem para os esforços internacionais de exploração do cosmos e de procura de sinais de vida inteligente (Dick, 1999). Embora as perspectivas europeias sobre a vida extraterrestre tenham evoluído, desde as narrativas mitológicas até à investigação científica, continuam a refletir a curiosidade e o fascínio duradouros da humanidade pelo cosmos e pela possibilidade de vida para além do nosso planeta.

2.3.6 Valores partilhados de religião, cultura e compreensão científica da vida extraterrestre

A exploração da vida extraterrestre é um tópico que transcende as fronteiras entre religião, cultura e investigação científica. Embora estes domínios abordem frequentemente o assunto de perspectivas diferentes, há valores e princípios partilhados que sustentam o fascínio da humanidade pela possibilidade de vida para além da Terra.

Em todas as tradições religiosas, culturais e científicas, existe um sentimento comum de admiração e curiosidade sobre os mistérios do cosmos e o potencial de vida para além do nosso planeta. Quer se expresse através de mitos religiosos, narrativas culturais ou exploração científica, a procura de compreensão do nosso lugar no universo leva-nos a procurar respostas para questões fundamentais sobre a existência (Sagan, 1994; Schimmel, 1992).

A religião, a cultura e a ciência fornecem enquadramentos para a reflexão espiritual e filosófica sobre a natureza da vida, a consciência e a possibilidade de existirem seres inteligentes noutras partes do universo. Desde os debates teológicos sobre a natureza da criação de Deus até às investigações filosóficas sobre as implicações éticas do encontro com civilizações extraterrestres, estes domínios oferecem vias para contemplar as profundas implicações da descoberta de vida para além da Terra (Davies, 2010; McGrath, 2014).

As discussões sobre a vida extraterrestre levantam considerações éticas e morais que ressoam em contextos religiosos, culturais e científicos. As questões sobre a forma como a humanidade deve abordar o contacto com outras civilizações, os direitos dos seres sencientes e a gestão dos recursos planetários levam à reflexão sobre as nossas responsabilidades enquanto habitantes de um universo partilhado (Vako ch, 2011; Wilkinson, 2016).

A procura de vida extraterrestre sublinha a unidade da humanidade na sua diversidade de crenças, culturas e objectivos científicos. Embora as perspectivas religiosas, culturais e científicas possam ser diferentes, elas reflectem, em última análise, a aspiração comum da humanidade de explorar, compreender e ligar-se ao cosmos e ao potencial de vida para além do nosso planeta (Dick, 1999; Nasr, 2006). Ao reconhecer e adotar estes valores partilhados, as comunidades religiosas, culturais e científicas podem estabelecer um diálogo e uma colaboração que enriquecem a nossa compreensão colectiva do cosmos e do nosso lugar.

2.3.7 Percepções dos povos da Etiópia

A cultura etíope, com a sua história rica, tradições diversas e uma herança religiosa única, oferece uma visão valiosa sobre as perspectivas da vida extraterrestre. Com raízes em civilizações antigas e influenciada pelo cristianismo, islamismo e sistemas de crenças indígenas, as narrativas culturais e tradições religiosas etíopes fornecem uma lente multifacetada através da qual se pode explorar a possibilidade de vida para além da Terra.

A mitologia etíope, tal como a de muitas culturas africanas, é rica em narrativas cosmológicas que reflectem uma profunda reverência pelo mundo natural e pelos fenómenos celestes. As antigas civilizações etíopes, como o Império Aksumite, desenvolveram mitologias que incorporavam os céus nas suas crenças religiosas e práticas culturais (Trimingham, 1952).

O folclore etíope contém histórias de seres sobrenaturais e de reinos do outro mundo, incluindo encontros com seres celestiais, como anjos ou espíritos. Estas narrativas sublinham frequentemente a interligação dos reinos humano e espiritual, reflectindo uma visão holística do mundo que se estende para além das fronteiras terrenas (Trimingham, 1952).

O cristianismo tem desempenhado um papel significativo na cultura etíope desde o século IV d.C., moldando as crenças religiosas, as práticas culturais e as normas sociais. A ênfase do cristianismo ortodoxo etíope nas escrituras sagradas e nos rituais religiosos proporciona um enquadramento para a compreensão da relação da humanidade com o divino e o cosmos

(Trimingham, 1952).

Do mesmo modo, o Islão tem raízes profundas na sociedade etíope, particularmente em regiões como Harar e a região da Somália. A cosmologia islâmica, que se centra no monoteísmo e na vida após a morte, fornece informações sobre a natureza do cosmos e o lugar da humanidade no mesmo (Hassen, 2015).

Os sistemas de crenças indígenas e as tradições animistas são também predominantes na cultura etíope, particularmente entre grupos étnicos como os Oromo, Amhara e Tigray. Estas tradições incorporam frequentemente elementos de culto da natureza, veneração dos antepassados e reverência espiritual pelo mundo natural (Trimingham, 1952).

Em alguns sistemas de crenças indígenas, os corpos celestes como o sol, a lua e as estrelas estão imbuídos de significado espiritual, servindo como símbolos do poder divino e da ordem cósmica. Podem ser realizados rituais e cerimónias para honrar e apaziguar estes seres celestes, promovendo um sentido de harmonia e equilíbrio no universo (Trimingham, 1952).

Na Etiópia moderna, as perspectivas culturais sobre a vida extraterrestre continuam a evoluir a par dos avanços da ciência, da tecnologia e da conetividade global. Os académicos e investigadores etíopes contribuem para os esforços internacionais no domínio da exploração espacial e da astrobiologia, baseando-se tanto nos conhecimentos tradicionais como nos métodos científicos modernos (Abegaz et al., 2017).

O interesse público pela exploração espacial e pela astronomia está a crescer na Etiópia, com iniciativas como a Ethiopian Space Science Society (ESSS) a promover a educação STEM e a literacia científica entre os jovens. Os astrónomos e educadores etíopes desempenham um papel vital na inspiração da próxima geração de entusiastas do espaço e na promoção de uma cultura de curiosidade e descoberta (Abegaz et al., 2017).

A cultura etíope oferece uma rica tapeçaria de perspectivas sobre a vida extraterrestre, misturando mitologias antigas, tradições religiosas e crenças indígenas com a investigação científica contemporânea. Ao abraçar esta diversidade de perspectivas, a Etiópia contribui para o diálogo global sobre o lugar da humanidade no cosmos e a procura de vida para além da Terra.

Percepções dos povos Oromo

O povo Oromo, um dos maiores grupos étnicos da Etiópia e da África Oriental, possui uma rica herança cultural caracterizada por intrincados sistemas de crenças, tradições orais e narrativas cosmológicas. Embora a cosmologia Oromo gire principalmente em torno de Waaqaa, o Ser Supremo, e da reverência pela natureza, há conhecimentos intrigantes sobre as suas perspectivas em relação à vida extraterrestre.

A cosmologia Oromo está profundamente enraizada no culto de Waaqaa, que se acredita ser o criador e sustentador do universo. Waaqaa é frequentemente associado a fenómenos celestes como o sol, a lua e as estrelas, que são venerados como manifestações do poder e da sabedoria divinos (Bulcha, 2002). Os Oromo vêem o universo como um sistema harmonioso e interligado, onde os seres terrestres coexistem com as forças celestes num equilíbrio delicado. São realizados rituais e cerimónias para honrar Waaqaa e manter a harmonia no cosmos, reflectindo uma compreensão holística da existência (Mohammed, 2007).

As tradições orais dos Oromo contêm narrativas mitológicas que dão uma ideia das suas perspectivas sobre o cosmos e a possibilidade de vida extraterrestre. As histórias de seres celestiais, criaturas sobrenaturais e reinos de outro mundo abundam no folclore Oromo, reflectindo uma profunda reverência pelos mistérios do universo (Bulcha, 2002).

Embora as referências específicas à vida extraterrestre possam ser escassas na mitologia Oromo, a presença de seres celestiais e forças espirituais sugere um reconhecimento da diversidade e interligação da vida para além da Terra (Mohammed, 2007).

A crença cultural central dos Oromo é o conceito de interligação, que se estende não só às comunidades humanas mas também ao mundo natural e ao cosmos. Os Oromo consideram todos os seres vivos como partes interligadas de uma ordem cósmica mais vasta, desempenhando cada entidade um papel único no equilíbrio da existência (Bulcha, 2002).

Esta visão holística do mundo implica o reconhecimento do potencial de existência de vida para além dos confins da Terra, seja em reinos celestiais ou em galáxias distantes. Embora as perspectivas dos Oromo sobre a vida extraterrestre possam não estar em conformidade com os paradigmas científicos ocidentais, reflectem um profundo respeito pela diversidade e complexidade do universo (Mohammed, 2007).

Na sociedade Oromo moderna, as crenças tradicionais e as narrativas cosmológicas continuam a informar as práticas culturais, as normas sociais e os rituais espirituais. Embora os Oromo tenham abraçado o cristianismo e o islamismo em graus variáveis, os elementos da cosmologia indígena persistem na vida quotidiana, moldando as percepções do mundo natural e o lugar da humanidade no mesmo (Bulcha, 2002).

À medida que a Etiópia sofre rápidas mudanças sociais, económicas e tecnológicas, há um interesse crescente em preservar e revitalizar o património cultural Oromo, incluindo o conhecimento tradicional sobre o cosmos e a interligação da vida (Mohammed, 2007).

Em conclusão, as perspectivas dos Oromo sobre a vida extraterrestre oferecem um vislumbre único da riqueza cultural e da profundidade espiritual de uma das mais antigas comunidades indígenas da Etiópia. Ao abraçar a sua visão holística do mundo e a sua reverência pelos mistérios do universo, os Oromo contribuem para a compreensão colectiva da humanidade sobre o cosmos e o nosso lugar nele.

Percepções dos povos Amhara

O povo Amhara, um dos maiores grupos étnicos da Etiópia, possui uma rica herança cultural influenciada por tradições antigas, pelo cristianismo e por interações com culturas vizinhas. Na cultura Amhara, as perspectivas sobre a vida extraterrestre são moldadas por crenças religiosas, narrativas cosmológicas e práticas culturais que reflectem uma profunda reverência pelos mistérios do universo.

O cristianismo tem sido uma força cultural dominante entre o povo Amhara desde o século IV d.C., moldando a sua visão do mundo e as suas crenças religiosas. O cristianismo ortodoxo etíope, com a sua ênfase nas escrituras sagradas, nos santos e nos rituais religiosos, fornece um quadro para a compreensão do divino e do lugar da humanidade no cosmos (Pankhurst, 1997).

Na cosmologia cristã, a existência de vida extraterrestre não é explicitamente abordada, mas a crença em anjos, demónios e seres espirituais sugere um reconhecimento do reino sobrenatural para além do plano terrestre (Trimingham, 1952).

As narrativas culturais Amhara contêm elementos mitológicos que oferecem uma visão das suas perspectivas sobre o cosmos e a possibilidade de vida extraterrestre. As histórias de seres sobrenaturais, reinos celestiais e intervenções divinas abundam no folclore Amhara, reflectindo uma profunda reverência pelos mistérios da criação (Pankhurst, 1997).

Embora as referências específicas à vida extraterrestre possam ser escassas na mitologia Amhara, a presença de seres celestiais e forças espirituais sugere uma crença na existência de reinos de outro mundo para além da Terra (Trimingham, 1952).

A cosmologia Amhara está enraizada numa profunda reverência pela natureza e pelo mundo natural, com elementos de animismo e de culto da natureza entrelaçados com crenças cristãs. Os Amhara vêem o universo como um sistema dinâmico e interligado, onde os seres terrestres coexistem com as forças celestiais num equilíbrio delicado (Pankhurst, 1997).

Os rituais, cerimónias e práticas culturais são realizados para honrar os seres divinos e manter a harmonia no cosmos, reflectindo uma compreensão holística da existência e da interligação da humanidade com o reino espiritual (Trimingham, 1952).

O povo Amhara, um dos maiores grupos étnicos da Etiópia, possui uma rica herança cultural influenciada por tradições antigas, pelo cristianismo e por interações com culturas vizinhas. Na cultura Amhara, as perspectivas sobre a vida extraterrestre são moldadas por crenças religiosas, narrativas cosmológicas e práticas culturais que reflectem uma profunda reverência pelos mistérios do universo.

Na sociedade Amhara moderna, as crenças tradicionais e as práticas culturais continuam a informar a vida quotidiana, as normas sociais e os rituais espirituais. Embora os Amhara tenham adotado o cristianismo como a sua fé predominante, os elementos da cosmologia indígena persistem nas expressões culturais, moldando as percepções do mundo natural e a relação da humanidade com o divino (Pankhurst, 1997).

À medida que a Etiópia sofre transformações sociais, económicas e tecnológicas, há um interesse crescente em preservar e revitalizar o património cultural Amhara, incluindo os conhecimentos tradicionais sobre o cosmos e os mistérios da criação (Trimingham, 1952).

Em conclusão, as perspectivas dos Amhara sobre a vida extraterrestre oferecem um vislumbre único da riqueza cultural e da profundidade espiritual de um dos grupos étnicos mais antigos da Etiópia. Ao misturar as crenças cristãs com a cosmologia indígena, os Amhara contribuem para a compreensão colectiva da humanidade sobre o cosmos e o nosso lugar.

Percepções dos povos de Tigray

O povo Tigray, um antigo grupo étnico da Etiópia com uma rica herança cultural, oferece perspectivas únicas sobre a vida extraterrestre, moldadas por crenças indígenas, tradições históricas e práticas religiosas. Na cultura Tigray, as narrativas cosmológicas e as crenças espirituais entrelaçam-se para criar uma visão holística do mundo que reflecte uma profunda reverência pelos mistérios do universo.

A cultura Tigray está profundamente enraizada em crenças indígenas e tradições animistas que realçam a interligação de todos os seres vivos e do mundo natural. No centro da cosmologia Tigray está a crença em forças espirituais e espíritos ancestrais que habitam o cosmos, moldando o curso dos acontecimentos humanos e o destino (Connah, 2003).

As narrativas cosmológicas Tigray incorporam frequentemente elementos de culto da natureza, reverência celestial e simbolismo mitológico, reflectindo um profundo respeito pelos ritmos cíclicos da natureza e pela ordem cósmica (Connah, 2003).

O cristianismo tem sido uma influência cultural e religiosa significativa entre o povo Tigray desde o século IV d.C., altura em que a região foi convertida ao cristianismo por missionários do Império Bizantino. O cristianismo ortodoxo etíope, com a sua rica tapeçaria de rituais religiosos, textos sagrados e tradições eclesiásticas, moldou as crenças religiosas e as práticas culturais dos Tigray (Ullendorff, 1968).

Na cosmologia cristã, a existência de vida extraterrestre não é explicitamente abordada, mas a crença em anjos, demónios e seres espirituais sugere um reconhecimento do reino sobrenatural para além do plano terrestre (Trimingham, 1952).

As narrativas culturais dos Tigray contêm elementos mitológicos que oferecem uma visão das suas perspectivas sobre o cosmos e a possibilidade de vida extraterrestre. Histórias de seres celestiais, criaturas míticas e intervenções divinas são tecidas no folclore Tigray, reflectindo uma profunda apreciação dos mistérios da criação e das forças invisíveis que governam o universo (Connah, 2003).

Embora as referências específicas à vida extraterrestre possam ser escassas na mitologia Tigray, a presença de seres celestiais e forças espirituais sugere uma crença na existência de reinos de outro mundo para além da Terra, habitados por entidades divinas ou sobrenaturais (Trimingham, 1952).

Na sociedade moderna de Tigray, as crenças tradicionais e as práticas culturais continuam a desempenhar um papel significativo na vida quotidiana, nos costumes sociais e nos rituais espirituais. Embora o cristianismo se tenha tornado a fé predominante entre os Tigray, as crenças cosmológicas indígenas persistem nas expressões culturais, moldando as percepções do mundo natural e a relação da humanidade com o divino (Ullendorff, 1968).

À medida que a Etiópia sofre mudanças sociais, económicas e políticas, há um interesse renovado na preservação e revitalização do património cultural Tigray, incluindo os conhecimentos tradicionais sobre o cosmos e os mistérios da criação. Os esforços para documentar as tradições orais, o folclore e as práticas espirituais contribuem para a preservação da identidade cultural e do legado histórico de Tigray (Connah, 2003).

As perspectivas dos Tigray sobre a vida extraterrestre oferecem uma visão valiosa sobre a riqueza cultural e a profundidade espiritual de um dos grupos étnicos mais antigos da Etiópia. Ao misturar crenças indígenas com tradições cristãs, os Tigray contribuem para a compreensão colectiva da humanidade sobre o cosmos e o nosso lugar.

Ideias das pessoas de Harari

O povo Harari, um antigo grupo étnico da Etiópia com uma rica herança cultural, oferece perspectivas únicas sobre a vida extraterrestre, moldadas por crenças indígenas, tradições históricas e práticas religiosas. Na cultura Harari, as narrativas cosmológicas e as crenças espirituais entrelaçam-se para criar uma visão holística do mundo que reflecte uma profunda reverência pelos mistérios do universo.

A cultura harari está profundamente enraizada em crenças indígenas e tradições animistas que enfatizam a interconexão de todos os seres vivos e do mundo natural. No centro da cosmologia harari está a crença em forças espirituais e espíritos ancestrais que habitam o cosmos, moldando o curso dos acontecimentos humanos e o destino do universo (Marcus, 2002).

As narrativas cosmológicas de Harari incorporam frequentemente elementos de culto da natureza, reverência celestial e simbolismo mitológico, reflectindo um profundo respeito pelos ritmos cíclicos da natureza e pela ordem cósmica (Marcus, 2002).

O Islão tem sido uma influência cultural e religiosa significativa entre o povo Harari desde o século X d.C., quando a região foi convertida ao Islão por comerciantes e missionários muçulmanos. A cosmologia islâmica, com a sua ênfase no monoteísmo, profetismo e vida após a morte, moldou as crenças religiosas e as práticas culturais dos Harari (Trim- ingham, 1952). Na cosmologia islâmica, a existência de vida extraterrestre não é explicitamente abordada, mas a crença em anjos, jinn e seres espirituais sugere um reconhecimento do reino sobrenatural para além do plano terrestre (Trimingham, 1952).

As narrativas culturais dos Harari contêm elementos mitológicos que oferecem uma visão das suas perspectivas sobre o cosmos e a possibilidade de vida extraterrestre. Histórias de seres celestiais, criaturas míticas e intervenções divinas são tecidas no folclore harari, reflectindo uma profunda apreciação dos mistérios da criação e das forças invisíveis que governam o universo (Marcus, 2002).

Embora as referências específicas à vida extraterrestre possam ser escassas na mitologia Harari, a presença de seres celestiais e forças espirituais sugere uma crença na existência de reinos de outro mundo para além da Terra, habitados por entidades divinas ou sobrenaturais (Trimingham, 1952).

Na sociedade Harari moderna, as crenças tradicionais e as práticas culturais continuam a desempenhar um papel significativo na vida quotidiana, nos costumes sociais e nos rituais espirituais. Embora o Islão se tenha tornado a fé predominante entre os Harari, as crenças cosmológicas indígenas persistem nas expressões culturais, moldando as percepções do mundo natural e a relação da humanidade com o divino (Marcus, 2002).

À medida que a Etiópia sofre mudanças sociais, económicas e políticas, há um interesse renovado na preservação e revitalização do património cultural harari, incluindo o conhecimento tradicional sobre o cosmos e os mistérios da criação. Os esforços para documentar as tradições orais, o folclore e as práticas espirituais contribuem para a preservação da identidade cultural e do legado histórico de Harari (Marcus, 2002).

As perspectivas dos Harari sobre a vida extraterrestre oferecem uma visão valiosa sobre a riqueza cultural e a profundidade espiritual de um dos grupos étnicos mais antigos da Etiópia. Ao misturar crenças indígenas com tradições islâmicas, os Harari contribuem para a compreensão colectiva da humanidade sobre o cosmos e o nosso lugar.

Percepções dos povos sidama

O povo Sidama, um grupo étnico de longa data com um rico legado cultural na Etiópia, tem pontos de vista distintos sobre a vida extraterrestre que são influenciados por rituais religiosos, costumes históricos e crenças indígenas. Histórias cosmológicas e doutrinas espirituais misturam-se na cultura Sidama para fornecer uma visão abrangente do mundo que expressa um profundo respeito pelos mistérios do cosmos.

Os costumes animistas e as crenças indígenas que realçam a interdependência de todos os seres vivos e do ambiente natural são a base da cultura Sidama. A crença nas forças espirituais, nos espíritos dos antepassados e nas divindades da natureza que habitam o cosmos e influenciam o destino do universo e os acontecimentos humanos é fundamental para a cosmologia Sidama (Hinshaw, 2000).

As tradições cosmológicas Sidama combinam frequentemente aspectos de simbolismo mitológico, veneração celestial e culto da natureza, demonstrando uma profunda consideração pela ordem cósmica e pelos ciclos cíclicos da natureza (Hinshaw, 2000).

Os costumes e rituais culturais sidama são manifestações de reverência pelo reino espiritual e de coesão de grupo, intrinsecamente ligados às suas crenças cosmológicas. Costumes como a cerimónia de salto do touro de Guddifacha e a celebração do Ano Novo de Fichee são realizados para respeitar os espíritos dos antepassados, aplacar os espíritos da natureza e preservar o equilíbrio cósmico (Hinshaw, 2000).

Durante estas cerimónias, são frequentemente feitas ofertas de comida, bebida e acções simbólicas para pedir bênçãos ao mundo espiritual e garantir o bem-estar da comunidade (Hinshaw, 2000).

Os motivos mitológicos encontrados nas narrativas culturais dos Sidama fornecem informações sobre a sua visão do universo e o potencial de vida extraterrestre. A mitologia Sidama está repleta de contos de seres celestiais, criaturas lendárias e intervenções sobrenaturais, demonstrando um profundo apreço pelos segredos da criação e pelas forças invisíveis que controlam o cosmos (Hinshaw, 2000).

A existência de criaturas celestiais e de energias espirituais implica a crença na existência de reinos distantes para além da Terra, habitados por entidades divinas ou sobrenaturais, embora possam ser poucas as referências concretas à vida extraterrestre na mitologia sidama (Hinshaw, 2000).

As práticas e crenças culturais tradicionais têm ainda hoje um grande impacto na vida quotidiana, nas convenções sociais e nos rituais espirituais da sociedade Sidama. As aldeias Sidama assistiram à difusão do Cristianismo e do Islão, mas as ideias cosmológicas indígenas continuam a ser expressas culturalmente, influenciando a forma como as pessoas vêem o mundo natural e o seu lugar nele (Hinshaw, 2000).

Há um interesse crescente em conservar e reavivar o património cultural Sidama, incluindo os conhecimentos tradicionais sobre o universo e os segredos da criação, à medida que a Etiópia sofre convulsões sociais, económicas e políticas. A documentação das tradições orais, do folclore e das práticas espirituais ajuda a manter o legado histórico e a identidade cultural dos Sidama (Hinshaw, 2000).

Os pontos de vista dos Sidama sobre a vida extraterrestre fornecem um conhecimento perspicaz sobre a espiritualidade e a diversidade cultural de um dos mais antigos grupos étnicos da Etiópia. Os Sidama aumentam a consciência geral do lugar da humanidade no universo através da adoção de práticas e crenças culturais indígenas.

Ideias dos povos Gurage

As crenças indígenas, os costumes históricos e as práticas religiosas moldaram os pontos de vista distintos sobre a vida extraterrestre oferecidos pelo povo Gurage, um grupo étnico antigo com um passado cultural rico na Etiópia. Histórias cosmológicas e doutrinas espirituais misturam-se na cultura Gurage para fornecer uma visão abrangente do mundo que expressa um profundo respeito pelos mistérios do cosmos.

Os costumes animistas e as crenças indígenas que realçam a interdependência de todos os seres vivos e do ambiente natural são a base da cultura Guerrah. A crença em forças espirituais, espíritos ancestrais e divindades da natureza que vagueiam pelo cosmos e influenciam o destino do universo e da história humana é fundamental para a cosmologia Gurage (Levine, 2000).

As narrativas cosmológicas dos Gurage combinam frequentemente aspectos de simbolismo mitológico, veneração celestial e culto da natureza, demonstrando uma profunda consideração pela ordem cósmica e pelos ciclos cíclicos da natureza (Levine, 2000).

As actividades culturais e os rituais dos Gurage estão intrinsecamente ligados às suas crenças cosmológicas, funcionando como manifestações de admiração espiritual e de unidade social. Costumes como a celebração anual do Maskal (Leddet) e o feriado de Ação de Graças (Sigd) são observados para respeitar os espíritos dos antepassados, agradar aos deuses da natureza e preservar o equilíbrio no universo (Levine, 2000).

Durante estas cerimónias, são frequentemente feitas ofertas de comida, bebida e acções simbólicas para pedir bênçãos ao mundo espiritual e garantir o bem-estar da comunidade (Levine, 2000).

Os motivos mitológicos encontrados nas narrativas culturais dos Gurage fornecem informações sobre a sua visão do universo e o potencial de vida extraterrestre. O folclore Gurage está repleto de contos de pessoas celestiais, animais fantásticos e intervenções divinas, demonstrando um profundo respeito pelos segredos da criação e pelos poderes invisíveis que controlam o cosmos (Levine, 2000).

A existência de criaturas celestiais e de energias espirituais implica a crença na existência de reinos longínquos para além da Terra, habitados por entidades divinas ou sobrenaturais, embora possam ser poucas as referências concretas à vida extraterrestre na mitologia Gurage (Levine, 2000).

As práticas e crenças culturais tradicionais ainda hoje têm um grande impacto na vida quotidiana, nas normas sociais e nos rituais espirituais da sociedade Gurage. Embora as ideias cosmológicas indígenas continuem a ser expressas culturalmente e a influenciar a forma como as pessoas vêem o mundo natural e a sua relação com o divino, o Cristianismo e o Islão ganharam terreno nas comunidades Gurage (Levine, 2000).

Há um interesse crescente em conservar e reavivar o património cultural Gurage, que inclui o conhecimento tradicional sobre o universo e os segredos da criação, à medida que a Etiópia sofre convulsões sociais, económicas e políticas. A identidade cultural e a história dos Gurage são preservadas através da documentação das tradições orais, do folclore e das práticas espirituais (Levine, 2000).

Finalmente, os pontos de vista dos Gurage sobre a vida extraterrestre fornecem observações perspicazes sobre a profundidade espiritual e a diversidade cultural de um dos mais antigos grupos étnicos da Etiópia. Ao adoptarem as práticas e crenças culturais indígenas, os Gurage fazem avançar a compreensão do universo e do nosso lugar nele por parte da humanidade.

2.4 Conclusões e recomendações

2.4.1 Conclusões

A procura de vida extraterrestre é um empreendimento complexo do ponto de vista científico, cultural e religioso. A exploração da vida extraterrestre é um empreendimento multifacetado que engloba perspectivas religiosas, culturais e científicas. Ao longo da história, a humanidade tem sido cativada pela possibilidade de vida para além da Terra, tal como se reflecte nos mitos religiosos, nas narrativas culturais e na investigação científica. Cada domínio oferece perspectivas e abordagens únicas para compreender o cosmos, mas existem valores e princípios comuns que sustentam o nosso fascínio coletivo pelo desconhecido.

As tradições religiosas proporcionam estruturas para a reflexão espiritual e a contemplação do divino, oferecendo uma visão do lugar da humanidade no universo e do potencial de interligação cósmica. As perspectivas culturais, expressas através da mitologia, do folclore, da arte e da literatura, enriquecem a nossa compreensão da imaginação humana e a nossa curiosidade permanente sobre o cosmos. A exploração científica, impulsionada pela observação empírica e pela modelação teórica, alarga os limites do conhecimento e abre novas fronteiras na procura de vida extraterrestre.

À medida que continuamos a explorar os mistérios do cosmos, temos de reconhecer e aceitar a diversidade de perspectivas e disciplinas que contribuem para a nossa compreensão da vida extraterrestre. Ao promover o diálogo e a colaboração interdisciplinares, podemos enriquecer o nosso conhecimento coletivo, aprofundar o nosso apreço pelas maravilhas e abordar as implicações éticas, filosóficas e sociais da descoberta de vida para além da Terra.

2.4.2 Recomendações

1. Colaboração Interdisciplinar: Fomentar a colaboração entre académicos religiosos, especialistas culturais e cientistas para promover o diálogo e a troca de ideias sobre a vida extraterrestre.

2. Incentivar projectos de investigação interdisciplinares que explorem as intersecções entre perspectivas religiosas, culturais e científicas.

3. Desenvolver programas educativos e iniciativas de sensibilização do público para aumentar a consciencialização sobre os aspectos culturais, religiosos e científicos da vida extraterrestre.

4. Envolver diversas comunidades em debates sobre as implicações da descoberta de vida para além da Terra e promover um discurso público informado.

5. Abordar considerações éticas e morais decorrentes da procura de vida extraterrestre, incluindo questões relacionadas com a proteção do planeta, a gestão ambiental e os direitos dos seres sensíveis.

6. Incentivar o diálogo e o debate sobre os quadros éticos para o contacto com potenciais civilizações extraterrestres.

7. Promover a cooperação e a colaboração internacionais no domínio da exploração espacial e da investigação astrobiológica. Apoiar iniciativas como o Gabinete das Nações Unidas para os Assuntos do Espaço Exterior (UNOOSA) e a Academia Internacional de Astronáutica (IAA) para facilitar a coordenação entre as nações na procura de vida extraterrestre.

8. Desenvolver estratégias e políticas a longo prazo para a exploração espacial e a investigação astrobiológica, tendo em conta as dimensões societais, culturais e éticas.

9. Adoção de abordagens sustentáveis para a exploração espacial que dêem prioridade à descoberta científica, à preservação cultural e à gestão ambiental.

10. Ao adotar uma abordagem holística que integre perspectivas religiosas, culturais e científicas, podemos enriquecer a nossa compreensão do cosmos e do nosso lugar no mesmo, promovendo uma visão mais inclusiva e interligada da viagem da humanidade rumo ao desconhecido.

Referências

1. Abegaz, B., Asfaw, T., & Kassa, T. (2017). Educação em Astronomia e Ciências Espaciais na Etiópia: Challenges and Prospects. Em B. Belete (Ed.), The Role of Astronomy in Society and Culture (pp. 171-182). Springer.
2. Bayrak, O. (2016). A influência árabe na astronomia popular do norte da Anatólia: Síntese antiga e novos horizontes. Springer.
3. Birrell, A. (1993). Mitologia Chinesa: An Introduction. Johns Hopkins University Press.
4. Boyce, M. (1983). A History of Zoroastrianism (Uma História do Zoroastrismo): Volume Um: O Período Inicial. Brill.
5. Bucaille, M. (1976). The Bible, the Qur'an, and Science: The Holy Scriptures Examined in the Light of Modern Knowledge. Seghers.
6. Bulcha, M. (2002). The Role of Oromo Oral Literature in Preserving Oromo Culture in Ethiopia (O Papel da Literatura Oral Oromo na Preservação da Cultura Oromo na Etiópia). In G. Biffa & E. Adugna (Eds.), Proceedings of the Seventh International Conference of Ethiopian Studies (pp. 293-302). Universidade de Adis Abeba.
7. Chittick, W. C. (1983). O Caminho Sufi do Amor: The Spiritual Teachings of Rumi [Os Ensinamentos Espirituais de Rumi]. Imprensa da Universidade Estadual de Nova York.
8. Csicsery-Ronay Jr., I. (2008). The Seven Beauties of Science Fiction [As Sete Belezas da Ficção Científica]. Imprensa da Universidade de Wesleyan
9. Collins, F. S. (2006). A Linguagem de Deus: A Scientist Presents Evidence for Belief [A Linguagem de Deus: Um Cientista Apresenta Provas para a Crença]. Free Press.
10. Connah, G. (2003). Civilizações Africanas: An Archaeological Perspective. Cambridge University Press.
11. Crossley-Holland, K. (1993). The Norse Myths. Pantheon Books.
12. Dalai Lama & Cutler, H. C. (2005). O Universo num Único Átomo: The Convergence of Science and Spirituality. Broadway Books.
13. Davies, P. C. W. (2016). O silêncio misterioso: Renovando nossa busca por inteligência alienígena. Houghton Mifflin Harcourt.
14. Davies, P. (2010). The Eerie Silence: Renewing Our Search for Alien Intelligence. Houghton Mifflin Harcourt.
15. Dick, S. J. (1999). O Universo Biológico: The Twentieth-Century Extraterrestrial Life Debate and the Limits of Science. Cambridge University Press.
16. Dressing, C. D., & Charbonneau, D. (2015). A ocorrência de planetas potencialmente habitáveis em órbita de anãs M estimada a partir do conjunto completo de dados do Kepler e uma medição empírica da sensibilidade de deteção. The Astrophysical Journal, 807(1), 45.
17. Dick, S. J. (1999). O Universo Biológico: The Twentieth-Century Extraterrestrial Life Debate and the Limits of Science. Cambridge University Press.
18. Frawley, D. (1994). Deuses, Sábios e Reis: The Vedic Secrets of Ancient Civilization [Os Segredos Védicos da Civilização Antiga]. Passage Press
19. Fischer, D. A., & Valenti, J. (2005). The Planet-Metallicity Correlation (A Correlação Planeta-Metalicidade). The Astrophysical Journal, 622(2), 1102-1117.
20. Gilbert, W. (1986). O mundo do ARN. Nature, 319(6055), 618.
21. George, A. R. (2003). A Epopeia de Gilgamesh. Penguin Classics.
22. Graves, R. (1992). The Greek Myths. Penguin Books.
23. Grant, E. (1994). Planetas, estrelas e orbes: The Medieval Cosmos, 1200-1687. Cambridge University Press.
24. Graves, R. (1992). The Greek Myths Penguin Books.

25. Grasset, O., Castillo-Rogez, J., Guillot, T., Fletcher, L. N., & Tosi, F. (2020). O Oceano de Europa: Uma atualização do conhecimento atual e missões futuras. Space Science Reviews, 216(4), 80.

26. Hannam, J. (2009). Os Filósofos de Deus: How the Medieval World Laid the Foundations of Modern Science [Os Filósofos de Deus: Como o Mundo Medieval Lançou as Bases da Ciência Moderna]. Icon Books.

27. Hassen, M. (2015). Os Oromo da Etiópia: Uma História, 1570-1860. Imprensa do Mar Vermelho.

28. Heller, R., & Barnes, R. (2013). A habitabilidade da exo-lua é limitada pelo fluxo de energia e estabilidade orbital. Astrophysical Journal Letters, 770(2), L16.

29. Hinshaw, J. (2000). Power and Identity in the Horn of Africa (Poder e Identidade no Corno de África): A Sidamo Case Study. University of Michigan Press.

30. Hultkrantz, A. (1996). Religiões nativas da América do Norte: The Power of Visions and Fertility [O Poder das Visões e da Fertilidade]. Harper Collins.

31. Kant, I. (1755). Universal Natural History and Theory of the Heavens (História Natural Universal e Teoria dos Céus). Universidade de Michigan. 32. Kirsch, J. (2006). A History of the End of the World: How the Most Controversial Book in the Bible Changed the Course of Western Civilization [Uma História do Fim do Mundo: Como o Livro Mais Controverso da Bíblia Mudou o Curso da Civilização Ocidental]. HarperOne.

32. Kellner, D. (2010). Cinema Wars: Hollywood Film and Politics in the Bush- Cheney Era [Guerras no Cinema: Cinema de Hollywood e Política na Era Bush-Cheney]. John Wiley & Sons.

33. Koestler, A. (1959). The Sleepwalkers: A History of Man's Changing Vision of the Universe. Penguin Books.

34. Levine, D. N. (2000). Cera e ouro: Tradition and Innovation in Ethiopian Culture. The University of Chicago Press.

35. Lindow, J. (2001). Norse Mythology: A Guide to Gods, Heroes, Rituals, and Beliefs [Um Guia de Deuses, Heróis, Rituais e Crenças]. Oxford University Press.

36. Kopparapu, R. K., Ramirez, R., Kasting, J. F., Eymet, V., Robinson, T. D., Mahadevan, S., & Domagal-Goldman, S. (2013). Zonas habitáveis em torno de estrelas da sequência principal: novas estimativas. The Astrophysical Journal, 765(2), 131.

37. Kraemer, J. L. (2008). Maimonides: The Life and World of One of Civilization's Greatest Minds [A vida e o mundo de uma das maiores mentes da civilização]. Random House.

38. Lammer, H., Bredehoft, J. H., Coustenis, A., Khodachenko, M. L., Kaltenegger, L., Grasset, O., & Rauer, H. (2009). O que é que torna um planeta habitável? The Astronomy and Astrophysics Review, 17(2), 181-249.

39. Lammer, H., Selsis, F., Ribas, I., Guinan, E. F., Bauer, S. J., Weiss, W. W.,... & Kulikov, Y. N. (2008). O papel do azoto na atmosfera terrestre primitiva: lições do registo lunar. Earth and Planetary Science Letters, 276(1-2), 1-13.

40. Lehner, M. (2008). The Complete Pyramids: Solving the Ancient Mysteries [As Pirâmides Completas: Resolvendo os Mistérios Antigos]. Thames & Hudson.

41. Lewis, C. S. (1938). Out of the Silent Planet. The Bodley Head.

42. Marcus, H. G. (2002). A History of Ethiopia. University of California Press.

43. McGrath, A. (2014). A Grande Questão: Por que não podemos parar de falar sobre ciência, fé e Deus. Hodder & Stoughton.

44. Miller, S. L. (1953). A produção de aminoácidos em possíveis condições terrestres primitivas. Science, 117(3046), 528-529.

45. Mohammed, A. (2007). Os Oromo da Etiópia: A History, 1570-1860. Red Sea Press.

46. Nasr, S. H. (2006). O Islão no Mundo Moderno: Challenged by the West, Threatened by

Fundamentalism, and Keeping Faith with Tradition [Desafiado pelo Ocidente, Ameaçado pelo Fundamentalismo e Mantendo a Fé na Tradição]. Harper- One.

47. Nylan, M. (2001). The Five "Confucian" Classics [Os Cinco Clássicos "Confucionistas"]. Yale University Press.

48. Neusner, J. (2003). A Bíblia e nós: A Bible and Us: A Priest and a Rabbi Read Scripture Together [A Bíblia e Nós: Um Sacerdote e um Rabino Lêem as Escrituras Juntos]. Rowman & Littlefield.

49. Pankhurst, R. (1997). Os Etíopes: A History. Blackwell Publishers.

50. Pinch, G. (2002). Egyptian Myth: A Very Short Introduction. Oxford University Press.

51. Platão. (360 A.C.). Timeu. (B. Jowett, Trans.). Arquivo de Clássicos da Internet.

52. Romer, J. (2012). Uma História do Antigo Egito: Dos primeiros agricultores à Grande Pirâmide. Penguin Books.

53. Sagan, C. (1994). Pale Blue Dot: A Vision of the Human Future in Space. Ballantine Books.

54. Schimmel, A. (1992). Mystical Dimensions of Islam (Dimensões Místicas do Islão). University of North Carolina Press.

55. Schafer, E. H. (1963). Os pêssegos dourados de Samarkand: A Study of T'ang Exotics. University of California Press.

56. Schopf, J. W., & Klein, C. (2018). O berço da vida: A descoberta dos primeiros fósseis da Terra. Princeton University Press.

57. Seager, S., Bains, W., & Petkowski, J. J. (2016). Rumo a uma lista de moléculas como potenciais gases de bioassinatura para a busca de vida em exoplanetas e aplicações à bioquímica terrestre. Astrobiologia, 16(6), 465-485.

58. Seager, S., & Bains, W. (2015). Rumo a uma lista de moléculas como potenciais gases de bioassinatura para a busca de vida em exoplanetas e aplicações à bioquímica terrestre. Astrobiologia, 16(6), 465-485.

59. Seager, S. (2013). Habitabilidade de exoplanetas. Science, 340(6132), 577-581.

Capítulo 3

Revelar o mistério:
Investigando a matéria e a energia das trevas de um ponto de vista espiritual e científico

Resumo

As investigações sobre a energia e a matéria escuras envolvem uma viagem complexa que atravessa as fronteiras da ciência e da religião. O estudo explora o ponto de convergência entre os dois pontos de vista, lançando luz sobre as descobertas que se desprendem do conhecimento científico e espiritual enraizado nas tradições religiosas. Este trabalho oferece uma análise abrangente dos eventos cosmológicos, utilizando um método que combina modelos matemáticos com vários parâmetros com investigações em textos religiosos e perspectivas teológicas. Através de extensas investigações empíricas, conseguiram revelar a natureza enigmática da matéria escura e da energia escura e o seu papel na formação do universo. Ao mesmo tempo, os factos cosmológicos são interpretados metafisicamente em ensinamentos religiosos, que criam histórias complexas que abordam o anseio existencial da humanidade por transcendência e propósito. A combinação do conhecimento científico com a visão espiritual ajudá-lo-á a compreender o universo e o seu lugar nele. O estudo convida a refletir sobre os mistérios que transcendem a observação empírica, realçando a beleza da compreensão cosmológica que surge do nexo entre a descoberta científica e a convicção religiosa. A conclusão do estudo sublinha a importância da investigação multidisciplinar na expansão do nosso conhecimento do universo e na promoção da comunicação entre os sectores espiritual e científico.

Palavras-chave: matéria negra, energia, cosmologia, investigação científica, crença religiosa, exploração interdisciplinar.

3.1 Introdução

Alguns mistérios comparáveis à matéria escura e à energia escura captam a imaginação na busca da compreensão da natureza fundamental do cosmos. Estes elementos misteriosos, que constituem a maior parte da composição massa-energia do Universo, desafiam a observação padrão e colocam desafios ao nosso conhecimento do mesmo. Uma investigação paralela sobre os aspectos espirituais da vida surge à medida que os cientistas trabalham para descobrir os seus mistérios; esta investigação tem como objetivo harmonizar as descobertas científicas com o conhecimento tradicional e a compreensão filosófica.

Desde a sua proposta inicial, na década de 1930, pelo astrónomo suíço Fritz Zwicky, a matéria escura tem permanecido elusiva, influenciando a gravidade mas evitando a sua deteção direta. A sua atração gravitacional na matéria observável e na luz, que molda a dinâmica e a estrutura das galáxias e dos enxames de galáxias, sugere a sua existência Zwicky, (1933). Entretanto, o Universo está a expandir-se mais rapidamente do que a matéria é gravitacionalmente atraída pela energia escura, que foi descoberta no final dos anos 90 através de medições de supernovas distantes Riess et al., (1998; Perlmutter et al., (1999).

A matéria e a energia escuras têm implicações significativas que transcendem a física, embora possam ser compreendidas através da investigação científica. As tradições espirituais têm-se debatido com a existência, a consciência e a natureza da realidade ao longo da história e das nações. Para descobrir as ligações entre os domínios material e metafísico, examinamos a matéria e a energia escuras tanto do ponto de vista espiritual como científico.

Analisar os estudos mais recentes sobre matéria e energia escuras utilizando conhecimentos da cosmologia moderna, astrofísica e física quântica. Interagir com a sabedoria das tradições espirituais, desde ensinamentos místicos modernos a ideologias antiquadas, que fornecem pontos de vista distintos sobre a natureza do universo e o papel da humanidade no mesmo.

O objetivo é oferecer um conhecimento profundo dos enigmas que rodeiam a matéria e a energia escuras através da fusão da ciência e da espiritualidade. Para além dos limites académicos, procuramos desvendar verdades mais profundas sobre o cosmos e o nosso lugar.

3.2 Revisão da literatura

A matéria e a energia escuras são dois dos mistérios mais fundamentais da cosmologia contemporânea, apresentando dificuldades na compreensão do cosmos a escalas grandes e microscópicas. Esta secção analisa as principais descobertas da ciência sobre a matéria e a energia escuras, bem como as ideias das tradições espirituais que oferecem pontos de vista alternativos sobre estes fenómenos enigmáticos.

3.2.1 Matéria negra

A matéria escura é um material esquivo e invisível que permeia o universo e é um dos mistérios mais excitantes da astronomia e cosmologia modernas. O astrónomo suíço Fritz Zwicky colocou pela primeira vez a hipótese da presença de matéria escura em 1933, depois de ter observado diferenças entre as velocidades observadas e esperadas das galáxias dentro dos enxames de galáxias Zwicky, (1933). Subsequentemente, os dados empíricos derivados de diversos eventos astrofísicos comprovaram a existência da matéria negra e o seu notável impacto gravitacional no Universo. Outras provas da existência da matéria escura vieram de investigações sobre aglomerados de galáxias, efeitos de lentes gravitacionais e radiação cósmica de fundo em micro-ondas. Hooper & Bertone (2018).

Os estudos das curvas de rotação das galáxias constituem um dos argumentos mais fortes a favor da matéria negra. O estudo mostrou que, ao contrário do que se poderia prever com base apenas na matéria visível, as velocidades orbitais das estrelas e do gás nas galáxias não diminuem com a distância ao centro galáctico. Pelo contrário, a velocidade aumenta ou mantém-se constante, indicando que a galáxia tem mais massa distribuída por ela Ford & Rubin, (1970); Bosma, (1981). Além disso, existem provas adicionais da presença de matéria escura através da lente gravitacional, que é a curvatura da luz pelo campo gravitacional de objectos enormes. A presença de uma massa invisível que distorce as trajectórias da luz de objectos de fundo é revelada por observações de efeitos de lente gravitacional em aglomerados de galáxias e estruturas de grande escala no Universo Bartelmann & Schneider, (2001); Massey et al., (2010).

A matéria escura deixa marcas únicas no universo observável através dos seus efeitos gravitacionais, apesar de não emitir, absorver ou refletir radiação electromagnética. Partículas massivas de interação fraca (WIMPs), axiões e neutrinos estéreis são alguns dos modelos teóricos que têm sido propostos para descrever as propriedades das partículas de matéria escura Bertone e Silk, (2005). Apesar dos esforços experimentais para identificar e caraterizar estas partículas esquivas, como os realizados no Grande Colisor de Hádrons e nos detectores subterrâneos, ainda não há provas definitivas.

Os axiões, os neutrinos estéreis e as partículas maciças de interação fraca (WIMPs) são algumas das partículas candidatas em física de partículas que têm sido sugeridas como possíveis componentes da matéria escura Bertone e Silk, (2005). Apesar dos esforços experimentais para identificar e caraterizar estas partículas esquivas, como os realizados no Grande Colisor de Hádrons e nos detectores subterrâneos, ainda não existem provas definitivas.

3.2.2 Energia negra

Pensa-se que a energia escura não é muito densa, mas sim extremamente homogénea, e não interage com outras forças fundamentais para além da gravidade. Dado que é aproximadamente

10⁻³⁰ g/cm³ e improvável de ser encontrada em testes de laboratório. Só porque a energia escura preenche uniformemente regiões que de outra forma estariam vazias é que pode ter um efeito tão dramático no universo que representa 68% da sua densidade. A consciência e as constantes cósmicas são as duas hipóteses mais populares Shrestha, (2013). Ambas as ideias partilham a necessidade de a energia escura ter uma pressão negativa.

As mudanças de paradigma na cosmologia ocorreram com a descoberta da energia escura no final dos anos 90, através de medições de supernovas distantes (Riess et al., 1998; Perlmutter et al., 1999). Estes resultados mostraram que a energia misteriosa que permeia o espaço e o Universo está a expandir-se mais rapidamente. Embora a constante cosmológica de Albert Einstein esteja ligada à energia escura, a sua verdadeira natureza é desconhecida.

Um dos mistérios mais desconcertantes da cosmologia continua a ser a natureza da energia escura. A teoria da relatividade geral de Albert Einstein, que propôs a constante cosmológica, é uma das explicações teóricas mais proeminentes para a energia escura. De acordo com Carroll (2001), a constante cosmológica é uma densidade de energia constante presente no espaço e actua como um repelente para provocar a expansão do cosmos.

As teorias cosmológicas baseadas na energia escura ofereceram um quadro para compreender a expansão acelerada observada. O modelo padrão da cosmologia é atualmente o

Modelo Lambda-CDM, que inclui matéria escura fria (CDM) e uma constante cosmológica (Lambda) Planck et al., (2020). Numerosos factos observacionais, a radiação cósmica de fundo em micro-ondas e a distribuição em grande escala das galáxias, são satisfatoriamente explicados por este conceito.

No entanto, os desafios teóricos relacionados com a constante cosmológica incluem questões de coincidência e de afinação. Conceitos dinâmicos como a quintessência, que postula um campo de energia variável no tempo responsável pela rápida expansão, são outras explicações para a energia escura Peebles & Ratra, (2003).

A radiação cósmica de fundo em micro-ondas, as oscilações acústicas dos bariões e as observações de supernovas distantes são algumas das técnicas experimentais utilizadas para investigar a natureza da energia escura. O objetivo dos próximos levantamentos e experiências astronómicas, como o Large Synoptic Survey Telescope e o Dark Energy Survey, é lançar mais luz sobre a natureza misteriosa da energia escura e restringir ainda mais as suas propriedades.

Uma base para avaliar a rápida expansão observada tem sido fornecida por teorias cosmológicas que envolvem a energia escura, das quais o modelo Lambda-CDM é o mais frequentemente aceite. Esta ideia afirma que a energia escura, a matéria escura e a matéria regular governam o cosmos. As alterações na radiação cósmica de fundo em micro-ondas limitam os seus parâmetros (Planck et al., 2020).

3.2.3 Perspectivas espirituais

Para além da investigação científica, outras tradições espirituais fornecem pontos de vista sobre a essência da existência que se alinham ou se desviam dos modelos científicos estabelecidos. As cosmologias, os ensinamentos místicos e as filosofias antigas oferecem diferentes perspectivas sobre os mistérios da vida, destacando frequentemente temas como a transcendência, a impermanência e a interligação.

Por exemplo, a ideia de Maya no Hinduísmo implica que o mundo material é uma ilusão que esconde realidades espirituais mais profundas. Os ensinamentos budistas sobre a impermanência (Anicca) e o vazio (Sunyata) põem em causa as ideias tradicionais de substância e permanência, encorajando os seguidores a irem além do pensamento dualista e a reconhecerem a interdependência de todas as coisas.

3.2.4 Integração de perspectivas

Podemos aprofundar a nossa compreensão da matéria e da energia escuras e das suas implicações para a natureza da realidade, fundindo conhecimentos de pontos de vista científicos e espirituais. Esta abordagem interdisciplinar leva-nos a explorar as relações entre os mundos material e metafísico para descobrir verdades mais profundas sobre o cosmos e o nosso lugar, quebrando as fronteiras disciplinares.

3.3 Materiais e métodos

3.3.1 Materiais

Podem ser necessários diferentes materiais para uma análise religiosa da matéria e energia escuras, dependendo da metodologia e das técnicas específicas utilizadas.

Os textos religiosos clássicos, como a Bíblia, o Alcorão, o Bhagavad Gita, o Tao Te Ching ou os sutras budistas, incluem lições básicas, parábolas e metáforas que podem esclarecer ideias cosmológicas e a sua aplicabilidade a várias tradições religiosas.

Os ensinamentos religiosos sobre cosmologia, criação e metafísica são interpretados e analisados em fontes secundárias, como tratados teológicos, literatura filosófica e comentários.

Livros, artigos e revistas académicos em estudos religiosos, teologia, religião comparada e cosmologia oferecem pontos de vista académicos sobre a relação entre religião e cosmologia. A discussão sobre a energia e a matéria escuras e as suas ramificações religiosas estão entre estes pontos de vista. As discussões incluem a matéria e a energia escuras e as suas implicações de uma perspetiva espiritual.

Os exercícios espirituais, os rituais e as cerimónias podem utilizar metáforas e conceitos cosmológicos. Isto pode fornecer perspectivas incorporadas e experimentadas sobre a natureza do mundo e o papel da humanidade no mesmo.

A arte sacra, os edifícios e outros artefactos são exemplos de símbolos e objectos religiosos que podem refletir visual e simbolicamente cosmogonias religiosas e ideias cosmológicas.

As teorias da física das partículas, da relatividade geral e da teoria quântica dos campos fornecem as bases conceptuais e matemáticas para compreender o comportamento da matéria e da energia escuras. O desenvolvimento de modelos teóricos, previsões e análise de dados observacionais são todas estas estruturas. Os investigadores que estudam a matéria e a energia escuras utilizam instrumentos e recursos para recolher dados, analisá-los e desenvolver modelos teóricos. Seguem-se alguns recursos essenciais frequentemente utilizados em estudos científicos sobre matéria e energia escuras:

São analisados grandes conjuntos de dados, são efectuadas simulações numéricas da formação de galáxias, do desenvolvimento de estruturas e da evolução do universo, e o comportamento da matéria e energia escuras em modelos cosmológicos é simulado utilizando meios de computação de alto desempenho.

As teorias da física das partículas, da relatividade geral e da teoria quântica dos campos fornecem as bases conceptuais e matemáticas para compreender o comportamento da matéria e da energia escuras. O desenvolvimento de modelos teóricos, previsões e análise de dados observacionais são todos estes enquadramentos.

Os investigadores que exploram a matéria negra e a energia escura podem encontrar informação e um reservatório de conhecimento na literatura científica, que inclui revistas com revisão por pares, actas de conferências e arquivos de pré-impressão. Inclui revisões teóricas, investigações observacionais, publicações teóricas e resultados experimentais.

3.3.2 Métodos

3.3.3 Modelo teórico

Os métodos teóricos, como modelos matemáticos, quadros teóricos e ferramentas computacionais, são utilizados para compreender as propriedades, os comportamentos e as implicações da matéria e da energia escuras para a física das partículas e a cosmologia. Seguem-se técnicas teóricas na investigação da energia e matéria escuras:

A distribuição da matéria escura, a energia e a estrutura e desenvolvimento do Universo em grande escala são explicados por modelos cosmológicos teóricos como o modelo Lambda-CDM. Estes modelos representam a dinâmica do cosmos em escalas cósmicas e incorporam a relatividade geral, a teoria da gravidade proposta por Albert Einstein.

Os modelos teóricos da física das partículas procuram determinar os componentes essenciais da matéria e energia escuras e descrever as suas propriedades. Estes modelos podem prever partículas ou interações adicionais que poderiam explicar a natureza da matéria e da energia escuras. Exemplos destas extensões do modelo padrão da física de partículas incluem a supersimetria, dimensões extra e alterações à gravidade.

Os modelos de halos de matéria escura descrevem a distribuição da matéria escura em galáxias e aglomerados. Nestes modelos podem ser utilizadas simulações numéricas baseadas na dinâmica gravitacional e simulações de corpos N, que reproduzem a evolução das partículas de matéria escura sob a ação da gravidade e permitem prever a composição e as caraterísticas dos halos de matéria escura.

Os modelos de quintessência da energia escura postulam a existência de um campo escalar variável no tempo chamado quintessência, que impulsiona a expansão acelerada do universo. Estes modelos oferecem diferentes explicações para a aceleração cósmica observada e introduzem novos graus de liberdade para além da constante cosmológica.

Na tentativa de explicar os fenómenos observados atribuídos à matéria escura e à energia escura sem introduzir novas partículas ou campos, as teorias da gravidade modificada, como a gravidade f (R) ou a dinâmica newtoniana modificada (MOND), modificam as regras da gravidade. Estas teorias propõem modificações à escala cósmica da lei gravitacional para explicar os efeitos gravitacionais conhecidos.

A teoria quântica de campos, a teoria das cordas e a gravidade quântica são campos teóricos que procuram explicar a gravidade em termos de mecânica quântica e harmonizar as forças fundamentais da existência. Estas ideias podem esclarecer a natureza quântica da energia negra e a estrutura microscópica do espaço-tempo.

3.3.4 Parâmetros do modelo

Quando se fala de matéria e energia escuras, os "parâmetros do modelo" referem-se às variáveis ou números encontrados nos modelos teóricos que caracterizam as caraterísticas, actividades e interações destes elementos enigmáticos do cosmos. Estas caraterísticas são cruciais para verificar a validade dos quadros teóricos, restringir as previsões teóricas e compará-las com as provas empíricas. Seguem-se alguns parâmetros típicos de modelos utilizados na investigação da matéria escura e da energia escura:

3.3.5 Parâmetros da matéria escura

A massa das partículas de matéria escura, que varia em função do candidato específico de matéria escura (WIMPs, axiões, etc.) que os modelos teóricos propõem.

Secção transversal: Nos testes de deteção direta, a probabilidade de encontrar partículas de matéria escura baseia-se na sua secção transversal de interação com a matéria convencional.

Densidade Relíquia: A estrutura em grande escala e a evolução do universo são influenciadas pelo parâmetro de densidade de relíquias Q_{DM}, que descreve o número de partículas de matéria escura no universo.

Os sinais de deteção indireta e as medições de raios cósmicos são influenciados pela taxa a que as partículas de matéria escura decaem ou se aniquilam em partículas do modelo padrão.

3.3.6 Parâmetros da energia escura

A constante cosmológica Λ no modelo Lambda-CDM, que impulsiona a expansão acelerada do universo e representa a densidade de energia do espaço, é medida.

Equação de Estado: A ligação pressão-densidade da energia escura é caracterizada pelo parâmetro da equação de estado (w), que pode mudar ao longo do tempo e diferenciar entre vários modelos de energia escura (como a quintessência).

Potencial de Campo Escalar: Nos modelos de quintessência, a dinâmica do campo de quintessência e a evolução do tempo cósmico são determinadas pela forma e caraterísticas do potencial do campo escalar V(ϕ).

Parâmetros gerais

O valor atual do parâmetro de Hubble (H0), que é sensível à presença de energia e matéria escuras, quantifica a taxa de expansão do Universo.

As densidades de energia fraccionada da matéria escura e da energia escura, relativas à densidade crítica do universo, são denotadas pelos parâmetros de densidade $OmegaDM$ e QDE, respetivamente.

Os parâmetros definem a amplitude e a forma do espetro de potência da matéria, que é afetado pela energia escura e pela matéria escura, e descrevem a distribuição da matéria no cosmos em várias escalas espaciais.

Os parâmetros destes modelos são limitados por uma combinação de previsões teóricas, métodos estatísticos e dados observacionais, o que permite aos cientistas melhorar os quadros teóricos e verificar as conjecturas relativas às caraterísticas da energia e da matéria escuras.

3.3.7 Formulações matemáticas

Termos matemáticos utilizados na investigação sobre modelos de energia escura e matéria escura no estudo:

As equações de Friedmann descrevem a forma como o cosmos se expande no quadro da relatividade geral. As equações podem ser expressas da seguinte forma no caso de um universo plano, homogéneo e isotrópico:

$$\left(\frac{\dot{a}}{a}\right)^2 = \frac{8\pi G}{3}\left(\rho_m + \rho_r + \rho_\Lambda\right) - \frac{k}{a^2} \tag{3.1}$$

em que G é a constante gravitacional, a(t) é o fator de escala do universo, a é a sua derivada no tempo, ρ_m, ρ_r e ρ_Λ são as densidades energéticas da matéria, da radiação e da energia escura, respetivamente, e k é o parâmetro de curvatura do universo.

Equação de Estado para a Energia Escura: A relação pressão-densidade da energia escura é caracterizada pelo parâmetro de equação de estado w. O parâmetro de equação de estado para um modelo de quintessência com um campo escalar ϕ e potencial $V(\psi)$ é o seguinte:

$$w = \frac{P_{DE}}{\rho_{DE}} = \frac{\frac{1}{2}\dot{\phi}^2 - V(\psi}{\frac{1}{2}\dot{\phi}^2 + V(\Psi)} \tag{3.2}$$

onde PDE é a densidade de energia da energia escura, e PDE é a sua pressão.

Secção transversal da interação da matéria escura: A probabilidade de interação entre partículas de matéria escura e partículas de matéria ordinária é caracterizada pela secção transversal a. A secção transversal pode ser calculada dentro de modelos de física de partículas para uma dada matéria escura. Para partículas massivas de interação fraca (WIMPs), a secção transversal de dispersão fora do núcleo pode ser expressa da seguinte forma

$$\sigma_{WIMP} = \frac{\mu^2}{\pi(\mu^2 + m_N^2)})\left(Zf_p + (A - Z)f_n\right)^2 \qquad (3.3)$$

onde *mN* é a massa do núcleo, *Z* é o seu número atómico, *A* é o seu número de massa, e *fp* e *fn* são os acoplamentos da partícula de matéria escura aos protões e neutrões, respetivamente. μ é a massa decrescente do sistema matéria escura-núcleo.

3.4 Resultados e discussões

3.4.1 Matéria negra

A massa das partículas de matéria escura WIMP tem uma massa de cerca de 1,78 x 10-24 kg. É uma imagem da massa inerente da partícula, que governa as suas interações gravitacionais e afecta a dinâmica e a estrutura do cosmos.

Em termos de unidades de energia, a massa das partículas de matéria escura WIMP é de cerca de 1,60 x 10⁷ eV/c² . Este número é a energia de repouso da partícula, o mesmo que a sua massa em repouso.

Caminho livre médio (m): As partículas de matéria escura WIMP têm um caminho livre médio de cerca de 1,87 x 10⁶ metros. É a distância média que uma partícula WIMP percorre antes de sofrer uma interação ou um evento de dispersão. As WIMPs são difíceis de detetar devido à sua fraca interação com a matéria ordinária, indicada por um grande caminho livre médio.

Comprimento de onda de Broglie (m): As partículas de matéria escura WIMP têm um comprimento de onda de de Broglie de cerca de 1,97 x 10⁻¹⁹ metros. Esta quantidade reflecte o carácter ondulatório da partícula e é o comprimento de onda quântico ligado ao seu momento. As WIMPs exibem caraterísticas de partículas clássicas com um pequeno comprimento de onda de Broglie numa escala macroscópica.

Matéria negra em Axion

A massa (kg) das partículas de matéria escura Axion tem uma massa de cerca de 1,07 x 10⁻³⁶ kg. As interações gravitacionais de uma partícula e os seus efeitos na dinâmica e estrutura do cosmos são determinados pela sua massa inerente.

Massa (eV/c²): Em termos de unidades de energia, a massa das partículas de matéria escura Axion é de cerca de 0,6 eV/c² . Este número é a energia de repouso da partícula, o mesmo que a sua massa em repouso.

De um modo geral, estas descobertas lançam luz sobre as caraterísticas essenciais das partículas de matéria escura WIMP e Axion, tais como a sua massa, energia, comportamento quântico e interações. Avançam o nosso conhecimento das caraterísticas da matéria escura e da forma como estas afectam a física de partículas e a cosmologia. A dependência não linear da relação observada entre a secção transversal da interação e a probabilidade de contacto é sugerida pelo facto de a mudança na secção transversal não ser diretamente proporcional à mudança na probabilidade. Em particular, observou-se que, à medida que a probabilidade de interação

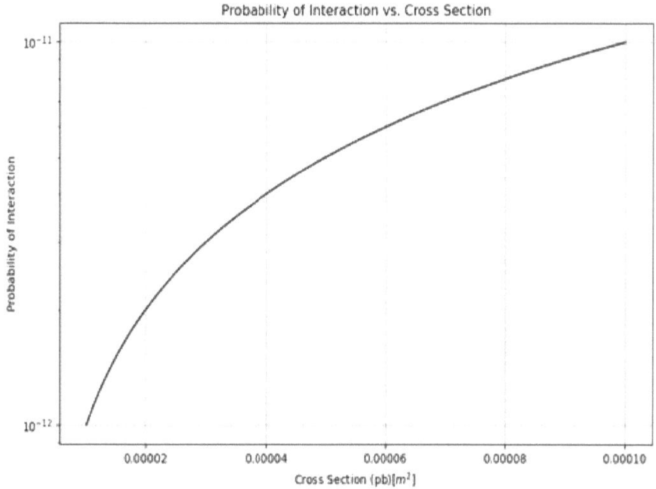

Figura 3.1: A probabilidade de interação da matéria negra com a área da secção transversal varia de 10^{11} a 10^{12} m², a secção transversal vai de 2×10^{5} a 1×10^{4} m² como mostra a Figura 3.1. Devido a esta não linearidade, alterações relativamente modestas na secção transversal da interação podem resultar em alterações comparativamente significativas na probabilidade de interação. Por outras palavras, a sensibilidade da probabilidade de interação a variações na secção transversal pode ser maior em determinados intervalos de valores (Aprile et al., 2018; Aprile et al., 2016).

De acordo com Aprile et al. (2018) e Aprile et al. (2016), os resultados da experiência XENON1T, que utiliza xénon líquido, detectam diretamente a matéria escura. A sensibilidade do experimento a vários valores de seção transversal de interação é investigada, e o estudo examina como pequenas variações na seção transversal afetam as taxas de eventos antecipados e os limites de deteção. O comportamento observado revela um aspeto significativo da

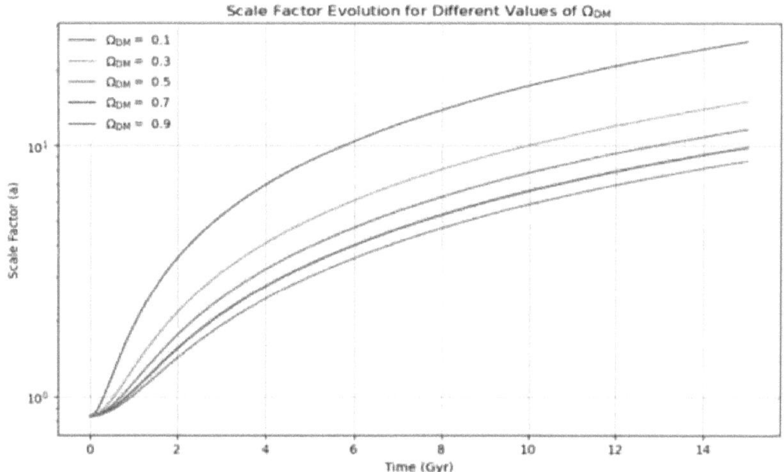

Figura 3.2: Evolução do fator de escala para diferentes valores dos parâmetros de densidade

evolução do Universo: o fator de escala diminui à medida que os parâmetros de densidade da matéria escura (ODM) aumentam de 0,1 para 0,9. A curvatura da curva da Figura 3.2 em direção ao eixo do tempo indica que uma maior quantidade de matéria escura faz com que o cosmos se expanda mais lentamente Planck et al. (2020); Weinberg, (2005).

A curvatura da curva na direção do tempo implica que a taxa de expansão do Universo está a abrandar. Este abrandamento é causado pela matéria escura, que aumenta a densidade total de massa e energia do Universo e actua para equilibrar a expansão da energia escura através da gravidade Planck et al. (2020); Weinberg, (2005).

Estruturas de grande escala como galáxias, aglomerados de galáxias e filamentos cósmicos surgem como resultado de instabilidades gravitacionais que amplificam pequenas flutuações de densidade causadas pela expansão mais lenta associada ao aumento da densidade da matéria escura Planck et al. (2020); Weinberg, (2005). O desenvolvimento hierárquico da estrutura cósmica observado no cosmos depende deste processo

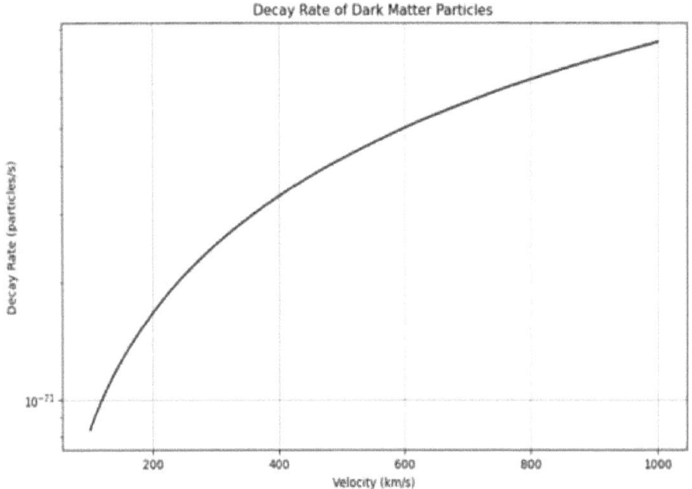

Figura 3.3: A taxa de decaimento da matéria escura com a velocidade relativa da matéria escura

A taxa de decaimento diminui com a velocidade relativa da matéria escura mostrada na Figura 3.3. O resultado mostra que a energia cinética disponível para a colisão é determinada pela velocidade relativa das partículas de matéria escura em cenários em que estas decaem ou se aniquilam em partículas do modelo padrão Boehm et al., (2004). Mais energia cinética proveniente de velocidades relativas mais elevadas provoca colisões mais energéticas. Há, no entanto, menos eventos de aniquilação ou decaimento quando a velocidade relativa diminui, porque há menos energia cinética disponível para interações.

As partículas de matéria escura sofrem focalização gravitacional em ambientes astrofísicos com baixas velocidades relativas, como os centros de galáxias ou aglomerados densos, o que resulta em aumentos de densidade. Em comparação com regiões com velocidades relativas mais elevadas, estas regiões densas podem aumentar a taxa de decaimento e aumentar a possibilidade de interações entre partículas de matéria escura Gaskin, (2016).

Esta dependência relativa da velocidade da taxa de decaimento pode ter influência na formação e evolução das formações de matéria escura no cosmos Boehm, et al., (2004). Formações densas

60

como os halos de matéria escura, onde o aumento da densidade da matéria escura pode acelerar a desintegração, têm maior probabilidade de se formar em ambientes de baixa velocidade.

A interpretação física da descoberta é que a velocidade relativa das partículas de matéria escura afecta a rapidez com que decaem ou se aniquilam em partículas do modelo padrão Gaskin, (2016). O desenvolvimento de estruturas de matéria escura no cosmos, as medições de raios cósmicos e os sinais de deteção indireta, como a emissão de raios gama, estão entre os sinais observáveis de matéria escura que podem ser afectados por esta relação.

Utilizamos uma combinação de modelos de energia escura para examinar e contrastar o seu comportamento em redshift. Cada modelo tem o potencial de lançar luz sobre muitas facetas da dinâmica da energia escura. Constante de Cosmologia $(w = -1)$: Neste modelo, o parâmetro de estado é representado por uma equação constante que mostra uma densidade de energia estática relacionada com a energia escura. O redshift não é obrigatório.

Phantom Dark Energy $(w < -1)$: Este modelo descreve uma situação em que o parâmetro da equação de estado é menor que -1, resultando em caraterísticas incomuns como uma potencial singularidade "big rip". O valor de w permanece constante mas inferior a -1.

Quintessência, ou energia escura dinâmica: Os modelos de quintessência permitem que os parâmetros da equação de estado mudem com o redshift (w=w(z)). Para ver vários comportamentos, pode selecionar uma parametrização para w(z), como a parametrização de Chevallier-Polarski-Linder (CPL) ou outra, e alterar os parâmetros.

$$w(z) = w_0 + w_a \frac{Z}{1+Z} \tag{3.4}$$

Um modelo dinâmico de energia escura em que w varia com o aumento do redshift. W_0 é o valor atual de w , ew. indica a taxa a que w varia com o desvio para o vermelho. A interpretação física do modelo é que a energia escura funciona de forma semelhante a uma constante cosmológica (w = -1), com o parâmetro de equação de estado w constante mostrado na Figura 3. Sugere que a densidade da energia escura não é afetada pela passagem do tempo ou pela expansão do Universo Riess et al. (1998); Planck et al. (2020). O parâmetro

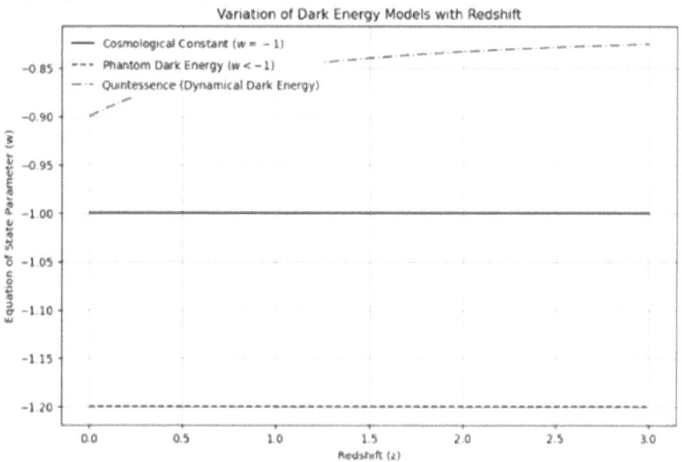

Figura 3.4: O parâmetro da equação de estado da energia escura com o redshift

O cosmos acelera a um ritmo constante, resultando na inflação cósmica, uma expansão exponencial.

A Figura 4 mostra uma situação em que o parâmetro w da equação de estado é inferior a -1, representado por um fantasma. Isto sugere que a densidade energética da energia escura aumenta com a expansão cósmica, levando a uma singularidade conhecida como "big rip". Esta hipótese afirma que, à medida que o Universo se expande ao longo do tempo, estrelas, galáxias e mesmo átomos individuais acabarão por rebentar Caldwell, (2002); Caldwell et al., (2003).

A quintessência é um paradigma dinâmico de energia escura no qual existem variações de redshift ou dependentes do tempo na equação do parâmetro de estado w, como mostrado na Figura 3.4. Quando se considera uma constante cosmológica, esta variação permite uma gama mais pequena de comportamentos. A quintessência pode mostrar comportamentos de rastreamento, congelamento ou desenvolvimento, dependendo da dinâmica da energia escura e da forma particular do potencial do campo escalar Caldwell et al., (1998); Steinhardt, et al., (1999). A energia escura oferece uma maneira de explicar a aceleração aparente do universo, permitindo variações de uma constante cósmica.

A energia potencial ligada ao campo escalar $^\wedge$ é descrita pela função potencial escalar $V(\psi)$

$$V(\psi) = \frac{1}{2}m\psi^2 \tag{3.5}$$

Onde m é o parâmetro de massa do campo escalar.

Para a componente de energia escura, o rácio entre a pressão e a densidade de energia é caracterizado pelo parâmetro de equação de estado w. O campo escalar w pode ser relacionado com o potencial escalar $V(\psi)$ através de certas relações, tipicamente derivadas da densidade de energia e da pressão do campo escalar, a equação para o parâmetro de estado w é calculada como:

$$w = -1 + \frac{\phi^2}{3m} \tag{3.6}$$

Esta expressão relaciona o comportamento de w com o comportamento do potencial escalar $V(\psi)$, e é derivada da densidade de energia e da pressão do campo escalar.

A energia ligada ao campo escalar ϕ é representada pelo potencial escalar $V(\psi)$. Esta controla a dinâmica do campo escalar e afecta a forma como o universo se expande, como se mostra na Figura 3.5(a) e (b) Weinberg, S. (1989); Martin, J. (2013). O potencial escalar

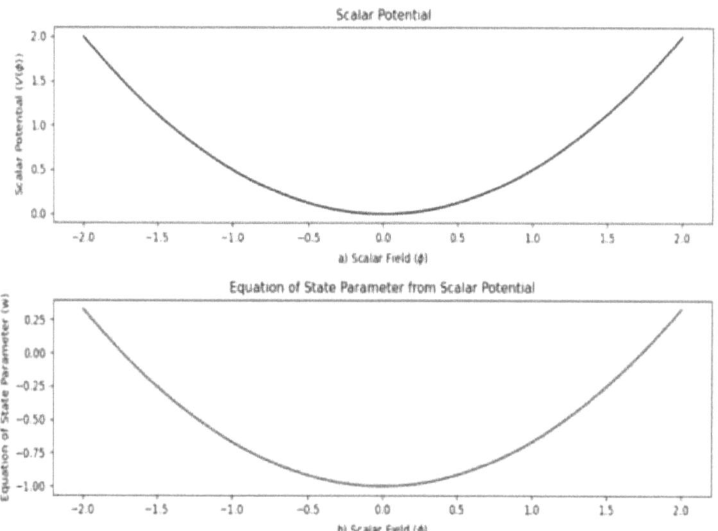

Figura 3.5: a) o potencial escalar com o campo escalar, b) a equação de estado da matéria a partir do potencial escalar com o campo escalar.

a dinâmica do campo dita a razão entre a pressão e a densidade de energia para a componente de energia escura, que é caracterizada pelo parâmetro da equação de estado w Copeland, et al. (2006); Tsujikawa, (2013).

Através da utilização das equações de Friedmann em cosmologia, a taxa de expansão do Universo, que é geralmente representada pelo parâmetro de Hubble H (z), pode ser associada à densidade da matéria no Universo, incluindo a matéria escura. A taxa de variação do fator de escala do Universo em relação ao tempo é expressa por uma das equações de Friedmann, e ligada ao parâmetro de Hubble. A expressão matemática que relaciona a densidade da matéria escura (pDM) com o parâmetro de Hubble é a seguinte

$$H(Z) = H(Z_0)\sqrt{\Omega_{DM}(1 + z^3)^3} \qquad (3.7)$$

onde z é o desvio para o vermelho, Ho é o valor atual do parâmetro de Hubble (também conhecido como constante de Hubble), Ω_{DM} é o parâmetro de densidade para a matéria escura, que indica a porção da densidade crítica do Universo para a qual a matéria escura contribui, e H(z) é o parâmetro de Hubble no desvio para o vermelho z .

De acordo com esta fórmula, a contribuição da matéria escura para a taxa de expansão do Universo é proporcional à raiz quadrada do fator de escala $(1 + z)^3$ mostra a diluição da matéria escura no Universo em expansão. Esta expressão fornece uma ligação crucial entre as caraterísticas cosmológicas da matéria escura e as medições observacionais da taxa de expansão, ilustrando a forma como a matéria escura influencia a taxa de expansão do Universo através do parâmetro de Hubble.

É fundamental lembrar que esta equação ignora as contribuições de outros elementos como a radiação e a energia escura, que seriam incluídos num modelo cosmológico completo, e assume, em vez disso, um universo plano ($Q_{total} = 1$).

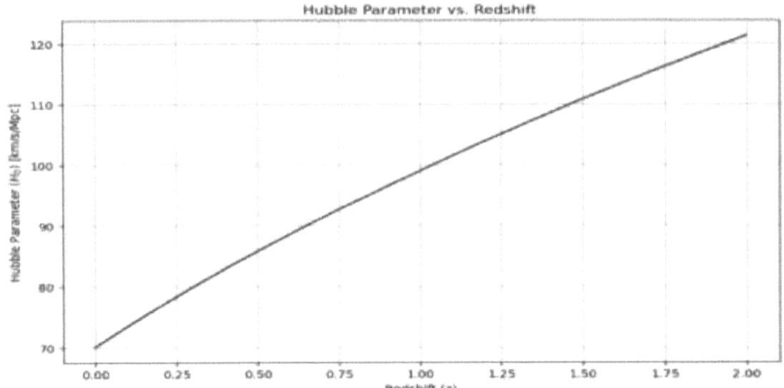

Figura 3.6: Os parâmetros de Hubble com o desvio para o vermelho na energia escura

A fórmula mostra como a matéria escura afecta a expansão H(z) do Universo. Com o tempo, a taxa de expansão do cosmos diminui devido à diluição da matéria, incluindo a matéria escura, causada pela expansão, como mostra a Figura 3.6.

A dinâmica da criação de estruturas cósmicas e a geometria geral do universo são afectadas pela contribuição da matéria escura para a atração gravitacional no cosmos.

A estrutura em grande escala, as lentes gravitacionais e a radiação cósmica de fundo em micro-ondas (CMB) mostram sinais de matéria escura e da sua influência na história da expansão do Universo. A dependência da secção transversal em relação à massa reduzida do sistema matéria escura-núcleo explica a tendência observada na secção transversal de espalhamento WIMP-nucleão, em que o aumento da massa atómica conduz a valores de secção transversal maiores, como se mostra na Figura 3.7. Como a massa reduzida e a massa atómica estão inversamente correlacionadas, a massa reduzida diminui à medida que a massa aumenta. A fórmula da secção transversal WIMP-nucleão indica que isto leva a um aumento da secção transversal.

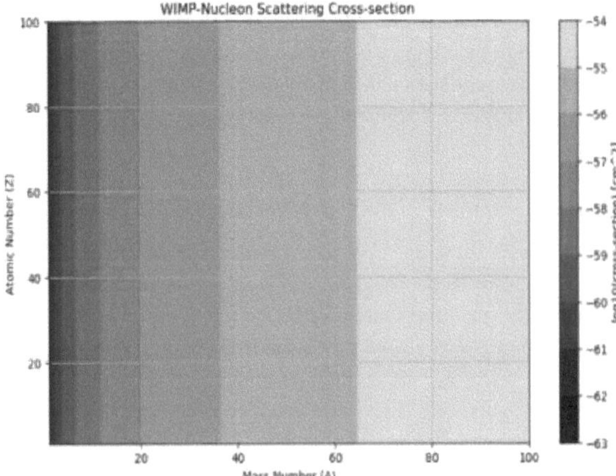

Figura 3.7: A secção transversal de dispersão de núcleos WIMP com a massa atómica e o número atómico dos elementos

O significado físico desta tendência pode ser entendido em termos da forma como os nucleões dos núcleos atómicos interagem com as partículas de matéria negra. Uma maior secção transversal indica uma maior probabilidade de interação. Em geral, a secção transversal quantifica a probabilidade de interação entre partículas. Uma maior massa atómica aumenta o número de protões e neutrões no núcleo, aumentando com as partículas de matéria escura.

Além disso, a composição e a estrutura dos núcleos atómicos podem também afetar o crescimento da secção transversal com a massa. Os núcleos de maior massa atómica podem diferir dos núcleos mais leves em termos de densidade, forma e nível de energia, o que pode afetar a probabilidade de contacto com partículas de matéria escura.

O comportamento exato da secção transversal de dispersão WIMP-nucleão com a massa atómica pode mudar com base no modelo teórico e nos pressupostos de cálculo, pelo que é vital recordar este facto. São necessárias mais investigações teóricas e observações experimentais para compreender plenamente a física subjacente a esta tendência, como se mostra na Figura 3.7.

3.4.2 Perspetiva quântica

Ao relacionar conceitos da relatividade geral e da mecânica quântica com os efeitos gravitacionais, é possível formular a forma como as partículas se movem no espaço-tempo e compreender a natureza da matéria negra. A gravidade é definida na relatividade geral como a curvatura do espaço-tempo induzida pela massa e pela energia Bartelmann e Schneider, (2001). A matéria negra, que interage gravitacionalmente mas não emite luz, afecta a forma como o espaço-tempo se curva onde existe.

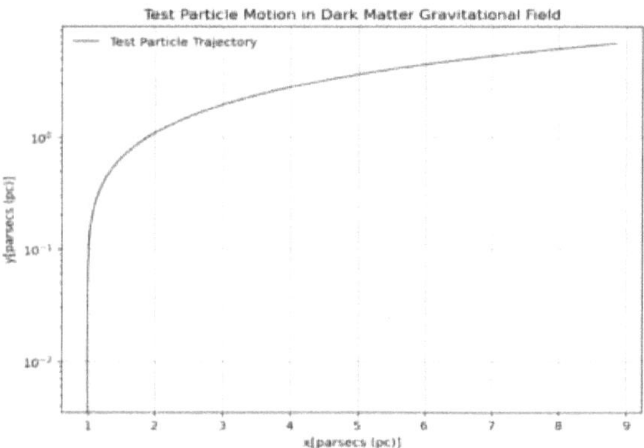

Figura 3.8: O movimento da partícula de teste na matéria escura no campo gravitacional de uma perspetiva quântica

As duas dimensões do movimento são x e y e, como ilustra a Figura 3.8, o movimento não é sempre constante só porque x é proporcional a y. Pelo contrário, representa as condições iniciais da partícula de teste e a simetria do potencial gravitacional.

A lei da gravitação de Newton fornece as equações de movimento da partícula de teste, que são dadas por

$$\frac{d^2x}{dt^2} = \frac{\partial \Phi}{\partial x} \tag{3.8}$$

$$\frac{d^2y}{dt^2} = \frac{\partial \Phi}{\partial y} \tag{3.9}$$

onde Φ é o potencial gravitacional relacionado com a matéria escura. Dado que o parsec (pc) é uma unidade de medida amplamente utilizada para distâncias astronómicas dentro de galáxias, x e y podem ser medidos em parsecs (pc) se a simulação representar o movimento de partículas dentro de uma galáxia.

A força sentida pela partícula de teste aponta radialmente para dentro, em direção à origem, uma vez que o potencial gravítico depende apenas da distância (r) à origem. Consequentemente, o movimento da partícula está limitado a um plano e as suas trajectórias apresentam uma simetria rotacional em torno da origem.

A trajetória começará numa trajetória simétrica em relação à origem se as circunstâncias iniciais forem escolhidas de modo a que x seja proporcional a y. No entanto, a trajetória mudará com o tempo à medida que se move sob o campo gravitacional e poderá deixar de ser proporcional a y. Em vez disso, a trajetória estará em conformidade com a curvatura do espaço-tempo resultante do potencial gravitacional da distribuição da matéria negra.

3.4.3 Expansão e Contração do Universo

A matéria escura e bariónica constituía a maior parte da densidade de energia do Universo nas fases iniciais da sua evolução. A interação gravitacional entre matéria e matéria travou a expansão do Universo durante este período de domínio da matéria Peebles, (1993). As previsões das principais teorias cosmológicas, como o modelo Lambda Cold Dark Matter (Λ_{CDM}), alinham-se com esta fase de desaceleração mostrada na Figura 3.9.

Transição para uma expansão acelerada (cerca de 5 mil milhões de anos): A taxa de expansão do Universo após cerca de 5 mil milhões de anos. Esta transição representa o ponto em que a energia escura, que se pensa ser a causa da expansão acelerada observada no Universo, começou a ultrapassar a atração gravitacional da matéria Riess, et al. (1998). Os levantamentos estruturais em grande escala, a radiação cósmica de fundo em micro-ondas e as observações de supernovas do tipo Ia estão todos de acordo quanto ao momento exato desta transição.

A taxa de expansão do universo acelerou após a mudança e mudou ao longo do tempo.

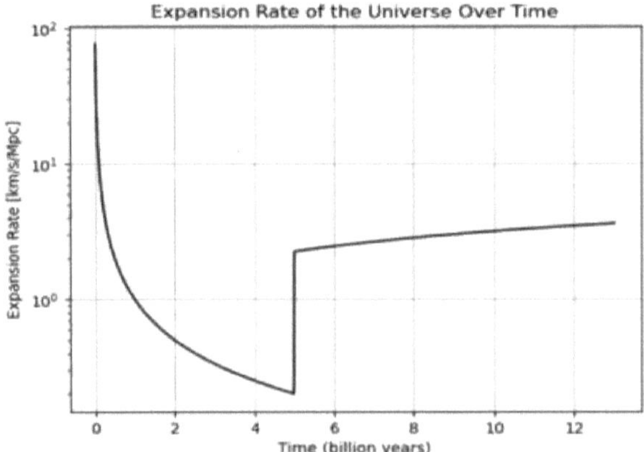

Figura 3.9: A taxa de expansão do universo ao longo do tempo

Pensa-se que a razão para esta expansão mais rápida são as propriedades repelentes da energia escura, que é frequentemente representada como um campo escalar dinâmico como a quintessência ou uma constante cosmológica Komatsu, et al. (2011). Esta fase é compatível com as anisotropias da radiação cósmica de fundo em micro-ondas e com a relação observada entre o desvio para o vermelho e a distância de galáxias distantes. As conclusões de que "a energia fantasma da expansão cósmica aumenta linearmente com o fator de escala e o tempo, enquanto a cosmologia padrão aumenta acentuadamente de 0 a 2 mil milhões de anos e aumenta lentamente a partir de 2 mil milhões de anos de forma logarítmica" podem ser interpretadas fisicamente à luz de vários modelos cosmológicos e das suas consequências para a evolução do Universo, como se mostra na Figura 3.10.

A energia fantasma é uma forma hipotética de energia com uma energia cinética negativa que faz com que o universo se expanda mais rapidamente. Caldwell (2002). A energia fantasma linear do gráfico aumenta com o tempo e o fator de escala aponta para uma expansão contínua, com uma densidade de energia crescente. Este comportamento é compreensível dado que a energia fantasma, que impulsiona a expansão exponencial do Universo, é repulsiva (Caldwell, 2002).

A cosmologia padrão, por outro lado, comporta-se de forma diferente no gráfico e adopta geralmente a hipótese MDL de Guth, (1981). O aumento dramático registado entre 0 e 2 mil milhões de anos é consistente com a inflação cósmica, uma fase inicial de expansão rápida. O cosmos expandiu-se exponencialmente durante este período, impulsionado por um campo de inflação fictício. A taxa de expansão abranda quando a inflação pára, o que faz com que o fator de escala se expanda logaritmicamente ao longo do tempo Guth, (1981). Esta tendência logarítmica

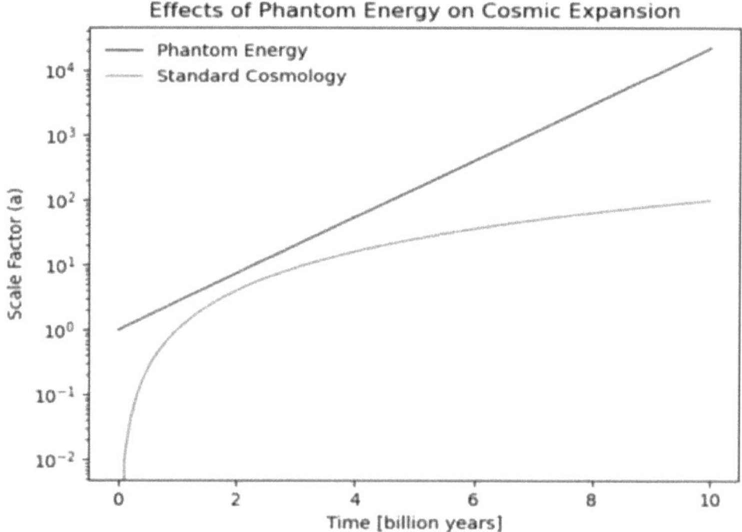

Figura 3.10: Os impactos da energia fantasma na expansão cósmica

indica a transição para uma era dominada pela matéria, na qual a atração gravitacional da matéria faz com que a taxa de expansão diminua lentamente.

O facto de a curva de evolução da constante de Hubble variar com o desvio para o vermelho e apresentar um comportamento exponencial é significativo porque fornece informações importantes sobre a dinâmica e a história da expansão do Universo, como se mostra na Figura 3.11. A mudança não linear da constante de Hubble com o redshift sugere que o ritmo de expansão do Universo não é constante ao longo do tempo cósmico, como mostrado na Figura 10. Em vez disso, muda de forma não trivial à medida que o Universo se expande, reflectindo o equilíbrio mutável de vários componentes energéticos (como a radiação, a energia escura e a matéria).

A tendência exponencial da curva de evolução da constante de Hubble é consistente com as evidências que mostram uma aceleração da expansão do Universo. Esta aceleração é explicada pelo domínio crescente da energia escura, que tem uma pressão negativa e acelera o ritmo da expansão.

Os cosmólogos podem aprender mais sobre as caraterísticas da energia escura e o modelo cosmológico subjacente examinando a forma da curva de evolução da constante de Hubble. As indicações sobre a natureza da energia escura e a sua influência na expansão cósmica podem ser

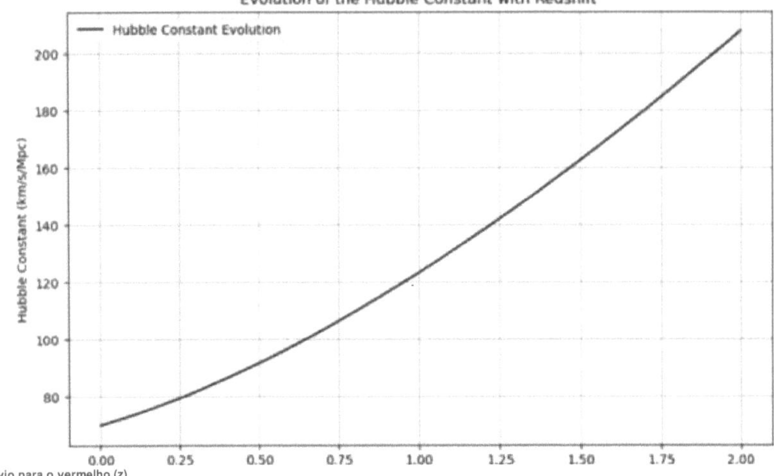

Figura 3.11: A evolução da constante de Hubble com o tempo

encontrados em desvios de uma relação linear direta.

A matéria escura constitui uma grande parte da densidade de massa do Universo porque interage gravitacionalmente, mas não emite, absorve ou reflecte a luz. Foi essencial para o colapso gravitacional que produziu galáxias, aglomerados galácticos e estruturas de grande escala durante a fase de formação de estruturas do Universo primitivo. A sua atração gravitacional altera a distribuição da matéria e da radiação, influenciando indiretamente a dinâmica da expansão cósmica, mas não tendo qualquer efeito direto sobre a sua taxa.

Por outro lado, acredita-se que a expansão acelerada do cosmos observada é causada pela energia escura. A energia escura fornece uma força repulsiva que acelera a expansão, ao contrário da matéria escura, que tende a abrandar a expansão devido à sua atração gravitacional. A constante de Hubble aumenta exponencialmente com o tempo, à medida que o Universo se expande e a energia escura se torna mais difundida (especialmente em épocas cósmicas posteriores), amplificando o seu efeito repulsivo.

Na cosmologia contemporânea, a função da energia escura em impulsionar a evolução da constante de Hubble ao longo do tempo e causar uma expansão cósmica acelerada é um conceito bem estabelecido, apoiado por modelos teóricos e dados empíricos. As descobertas demonstram que a taxa de expansão está a aumentar ao longo do tempo cósmico, em vez de permanecer constante Riess, et al. (1998); Perlmutter, et al. (1999).

As medições da radiação cósmica de fundo em micro-ondas, em particular as efectuadas pela missão do satélite Planck, permitiram obter informações precisas sobre os parâmetros cosmológicos que regulam a história do Universo. Estas descobertas confirmam a existência e a hegemonia da energia escura no universo tardio Plank et al., (2020).

A dinâmica da expansão cosmológica foi também apoiada por estudos de estruturas de grande escala no cosmos, incluindo as oscilações acústicas dos bariões e a aglomeração de galáxias. Os resultados forneceram mais provas da existência da energia escura e da sua influência na estrutura em grande escala do Universo Eisenstein, et al. (2005); Tegmark, et al. (2006).

A natureza da energia escura e as suas implicações na expansão cósmica podem ser compreendidas através de modelos teóricos como o modelo da constante cosmológica Y ou modelos dinâmicos de energia escura (e.g., quintessência, modelos de campos escalares). Estes modelos, de acordo com os dados empíricos, prevêem uma expansão rápida impulsionada pela energia escura Copeland, et al., (2006); Frieman, et al. (2008).

Em geral, a influência da energia escura no cosmos tardio é diretamente responsável pela evolução observável da constante de Hubble ao longo do tempo, que é marcada por uma taxa de expansão crescente. Evidências observáveis de múltiplas sondas cosmológicas e modelos teóricos de energia escura corroboram esta noção Copeland, et al., (2006); Frieman, et al. (2008).

3.4.4 Perspetiva bíblica

A Bíblia compara frequentemente a luz e as trevas para representar realidades espirituais mais profundas. "No princípio, Deus criou os céus e a terra", é assim que começa a história da criação no livro do Génesis. O abismo estava coberto de trevas, e a terra era sem forma e vazia. E sobre a superfície dos mares pairava o Espírito de Deus. Génesis 1:1-3, ESV. E Deus disse: 'Haja luz', e a luz apareceu. Este versículo alude à passagem figurativa das trevas para a luz, que é o surgimento da ordem e da compreensão a partir do caos e do mistério.

A Bíblia dá grande ênfase à busca de conhecimento e discernimento. "A glória de Deus é ocultar as coisas, mas a glória dos reis é investigar as coisas", de acordo com Provérbios 25:2 (ESV). De acordo com esta escritura, Deus criou os mistérios do universo, incluindo a matéria escura e a energia escura, e é nosso dever, como humanos, usar a ciência para investigar e resolver esses mistérios.

O estudo da energia e da matéria escuras pode fazer-nos sentir humildes e admirados com a grandeza e a complexidade do cosmos. Os versículos seguintes transmitem este sentimento: "Quando contemplo os teus céus, obra dos teus dedos, a lua e as estrelas que estabeleceste, que é o homem, para que te lembres dele, e o filho do homem, para que dele cuides?" (ESV). Esta contemplação promove a admiração pelas maravilhas da criação e a compreensão do papel da humanidade na mesma.

A Bíblia também enfatiza como tudo está relacionado com tudo o resto. Está escrito: "E ele é antes de todas as coisas, e nele todas as coisas subsistem" (Colossenses 1:17). De acordo com esta passagem, a energia escura e a matéria escura são componentes essenciais que mantêm o universo num equilíbrio harmonioso.

Podemos compreender melhor as complexidades do cosmos e reconhecer os aspectos espirituais da nossa busca de conhecimento e compreensão, fundindo a investigação científica sobre a matéria escura e a energia escura com ideias bíblicas. Este método encoraja-nos a investigar a relação entre ciência e espiritualidade e o significado mais profundo das descobertas científicas que lançam luz sobre os mistérios do cosmos.

3.4.5 Respetivo Alcorão

A ideia de tawhid, ou a unidade de Deus, que é o criador e sustentador do universo, é enfatizada em todo o Alcorão. As palavras "Ele é o criador dos céus e da terra" (tradução de Yusuf Ali) aparecem na Surah Al-An'am (6:101). Este versículo enfatiza a ideia de que a energia negra e a matéria são componentes do universo que Deus criou. Descobrir os sinais de Deus (ayat) no mundo natural pode ser visto como um resultado da utilização da ciência para investigar estes enigmas.

A aquisição de conhecimentos e a compreensão do mundo natural são altamente valorizadas no Islão. O Alcorão convida ao estudo e à introspeção sobre as indicações da criação de Deus. "E Ele submeteu-vos a noite e o dia, o sol e a lua, e as estrelas estão sujeitas ao Seu comando", diz a

Surah Al-Mu'minun (23:80). De facto, para aqueles que compreendem, esta contém Ayat (provas, evidências, versículos, lições, sinais, revelações, etc.) (tradução de Hilali-Khan). Esta escritura exorta os crentes a estudar o cosmos e a considerar os segredos da energia e da matéria escuras, bem como outros milagres da criação.

Pensar nos segredos do cosmos, incluindo a energia e a matéria escuras, pode fazer-nos sentir pequenos e admirados com a majestade de Deus. "Ele é Alá, o Criador, o Inventor, o Modelador; a Ele pertencem os melhores nomes", diz a Surah Al-Hashr (59:24). Ele é exaltado por tudo o que existe no céu e na terra. E Ele é o Sábio, o Exaltado em Poder (tradução da Sahih International). Este versículo enfatiza a importância da humildade na busca do conhecimento, servindo como um lembrete para os crentes da vastidão e complexidade do cosmos.

O Islão ensina a ideia de Khilafah, ou administração, que sublinha que devemos cuidar e preservar o mundo natural. De acordo com a Surah Ar-Rum (30:41), "A corrupção apareceu em toda a terra e mar por causa do que as mãos das pessoas ganharam, então Ele pode deixá-los provar parte de [a consequência de] o que eles fizeram que talvez eles retornem [à justiça]" Tradução da Sahih International. Esta estrofe sublinha como é crucial proteger o equilíbrio e a ordem do universo, incluindo as forças invisíveis da energia negra e da matéria negra.

Através da integração da investigação científica com as ideias do Alcorão, os crentes podem obter uma compreensão mais profunda dos segredos do universo e reconhecer os aspectos espirituais da sua busca de conhecimento e compreensão. Para cumprir o seu dever como administradores do mundo natural e encontrar os sinais da criação de Deus, os muçulmanos são encorajados a participar em investigações científicas.

3.4.6 Perspetiva do Bhagavad Gita

O conceito de dharma, que denota ordem cósmica, responsabilidade e retidão, é ensinado no Bhagavad Gita. O cocheiro e mestre celestial, o Senhor Krishna, explica o significado da preservação do dharma e da preservação da harmonia e do equilíbrio no universo. O estudo da energia negra e da matéria negra pode ser visto como uma investigação sobre o equilíbrio e a ordem básicos que sustentam o cosmos, correspondendo aos ideais eternos apresentados no Bhagavad Gita.

Enfatizando a unidade da realidade divina e a interdependência de todos os seres, o Bhagavad Gita explica a unidade subjacente da existência. "Eu sou o Ser, ó Gu- dakesha, sentado no coração de todas as criaturas", proclama o Senhor Krishna. De acordo com o Bhagavad Gita 10.20, "Eu sou o princípio, o meio e o fim de todos os seres". De acordo com este ponto de vista, o estudo da energia negra e da matéria negra é uma investigação sobre a unidade fundamental e a conetividade do universo, onde todos os fenómenos têm origem e regressam à fonte divina.

O Bhagavad Gita enfatiza o valor de cumprir as nossas responsabilidades sem nos apegarmos aos resultados das actividades, ensinando os caminhos da ação altruísta (karma yoga) e do desapego (vairagya). "Cumpre o teu dever equipado, ó Arjuna, abandonando todo o apego ao sucesso ou ao fracasso", diz o Senhor Krishna a Arjuna. "O Yoga é essa equanimidade" (Bhagavad Gita 2.48). De acordo com este ponto de vista, o estudo da matéria negra e da energia negra pode ser tratado com uma atitude de investigação imparcial e desapego, enfatizando a busca do conhecimento pelo seu próprio bem, em oposição ao ego ou à fama.

O caminho da auto-realização, conhecido como jnana yoga e ensinado no Bhagavad Gita, leva à compreensão da natureza real de cada um como o eu eterno, ou atman, que existe fora do fugaz mundo material. De acordo com o Bhagavad Gita 6.30, o Senhor Krishna diz: "Eu nunca estou perdido, nem ele está perdido para Mim, pois aquele que Me vê em todo o lado e vê tudo em Mim. As pessoas que estudam a matéria e a energia escuras podem crescer espiritualmente e tornar-se mais conscientes de si próprias, o que lhes permitirá compreender a realidade última que existe para além do mundo material.

Através da integração do estudo científico da matéria negra e da energia negra com as ideias do Bhagavad Gita, é possível melhorar a compreensão dos segredos do cosmos e reconhecer os aspectos espirituais da sua busca de conhecimento e compreensão. Este método encoraja as pessoas a investigar a relação entre a espiritualidade e a ciência, reconhecendo a unidade subjacente a todas as coisas e as verdades intemporais que orientam o caminho da auto-descoberta.

3.4.7 A perspetiva do Tao Te Ching

O famoso verso "O Tao que pode ser falado não é o Tao eterno" abre o Tao Te Ching. De acordo com o Capítulo 1, "o nome que pode ser nomeado não é o nome eterno". Esta passagem realça a qualidade inefável do Tao, que é a ideia fundamental do cosmos. A energia negra e a matéria negra são expressões do Tao, as energias enigmáticas que sustentam o universo, mas que estão para além da compreensão humana, segundo a teoria taoísta.

Wu Wei e Harmonia Natural: Wu Wei, ou "ação sem esforço", é uma noção ensinada na filosofia taoísta. Implica deixar as coisas acontecerem naturalmente e harmonizar-se com o fluxo natural do Tao. O Tao Te Ching declara no Capítulo 48 "Todos os dias, algo é aprendido na busca do conhecimento." "Todos os dias algo é abandonado na busca do Tao" (tradução de Stephen Mitchell). Este ponto de vista sugere que o estudo da matéria negra e da energia negra deve ser conduzido de forma humilde e aberta, deixando os processos naturais acontecerem sem influência ou esforço indevidos.

O Tao do Yin e Yang Te Ching ilustra frequentemente a natureza complementar e interligada da existência com o uso do simbolismo yin e yang. Como diz no Capítulo 42, "O Tao torna-se Um". Dois nascem de um. O três nasce do dois. "Todas as coisas têm origem no três" (tradução de Stephen Mitchell). Esta linha alude à interação dinâmica de forças opostas, como a matéria e a energia, bem como a escuridão e a luz. Como componentes desta dança cósmica yin-yang, a matéria escura e a energia escura representam as facetas ocultas do cosmos que harmonizam e realçam o reino visível.

3.4.8 A filosofia taoísta coloca uma forte ênfase nas virtudes do vazio e da simplicidade.

O Tao Te Ching indica no capítulo 11 que "trinta raios convergem para um único eixo". A utilização da carroça depende do buraco central. Um pedaço de barro é o que usamos para criar um recipiente; o espaço dentro do recipiente é o que lhe dá a sua utilidade (tradução de James Legge). Esta passagem enfatiza a importância do vazio e da abertura na filosofia taoísta. Com as suas caraterísticas enigmáticas e impercetíveis, a matéria negra e a energia negra podem ser entendidas como reflectindo a ideia do nada, encorajando a reflexão sobre os vastos mistérios que existem fora do mundo material.

As pessoas podem aprender mais sobre a interconexão de todas as coisas, o equilíbrio de forças opostas e os segredos profundos do cosmos, investigando o tema da matéria e energia escuras através dos ensinamentos do Tao Te Ching. Este método abraça o mistério inato e as maravilhas que permeiam a existência e encoraja uma investigação reflectida e intuitiva do cosmos.

As tradições espirituais, que reflectem a interconexão de todas as coisas, sublinham frequentemente o valor da harmonia e do equilíbrio no universo. É possível concetualizar a energia fantasma como um fator disruptivo que perturba este equilíbrio, dado que a sua densidade de energia cinética negativa acelera a expansão cósmica. Os modelos Quintom, por outro lado, implicam uma interação dinâmica entre forças opostas no universo devido às suas transições entre a quintessência e a atividade fantasma.

Isto é consistente com as crenças espirituais que reconhecem as energias boas e negativas, a luz e as trevas, e a dança contínua de forças opostas dentro da ordem cósmica. Podemos compreender melhor o intrincado equilíbrio que sustenta o cosmos e a nossa relação entrelaçada com ele, investigando estas ideias científicas.

Muitas tradições espirituais colocam uma forte ênfase na transformação como uma metáfora para o processo de desenvolvimento, evolução e iluminação espiritual. A ideia de energia fantasma pode ser vista como um gatilho à escala cósmica para a mudança, devido à sua capacidade de impulsionar a expansão acelerada e a evolução cósmica. O universo está sempre a mudar como resultado do aparecimento de novas formas de matéria e energia à medida que se expande e muda. Os modelos Quintom sublinham o carácter transformacional da dinâmica cósmica, exibindo uma capacidade de se mover entre fases distintas do comportamento da energia escura Gurzadyan e Xue, (2003). Esta ideia é semelhante à ideia espiritual de mudança e adaptação porque, no seu caminho para a iluminação e o aumento da consciência, os seres e os sistemas passam por ciclos de desenvolvimento, decadência e renascimento Smith, et al., (1991); Wilber, (1998); Capra, (2010).

As tradições espirituais de todo o mundo utilizam a interação da luz e da escuridão como motivo simbólico para simbolizar a dualidade da realidade e o conflito interminável entre forças opostas Gurzadyan e Xue, (2003). A energia fantasma pode ser entendida metaforicamente como uma expressão de entropia ou escuridão dentro da ordem cósmica devido à sua densidade de energia cinética negativa Smith, et al., (1991); Wilber, (1998); Capra, (2010).

Os modelos Quintom, por outro lado, implicam que a mudança e a criação de novas oportunidades são possíveis mesmo nos lugares mais sombrios. A forma como a luz e a escuridão interagem para criar a riqueza e a complexidade da tapeçaria cósmica é um reflexo da ideia espiritual de equilíbrio, que sustenta que a escuridão não é intrinsecamente má, mas sim um contraponto necessário à luz Smith, et al., (1991); Wilber, (1998); Capra, (2010).

3.4.9 Perspetiva das parábolas e das metáforas

As parábolas bíblicas, como a Parábola do Fermento (Mateus 13:33) e a Parábola do Grão de Mostarda (Mateus 13:31-32), empregam imagens comuns para comunicar importantes lições espirituais. É possível ler essas histórias metaforicamente para ilustrar como a energia escura e a matéria escura são ocultas e vastas. Por exemplo, a matéria escura, embora invisível, exerce uma forte atração gravitacional sobre o universo, tal como um grão de mostarda cresce e se transforma numa grande árvore.

Metáforas como os "Jardins do Paraíso" ou o "Véu de Luz" evocam imagens de mundos ocultos que existem para além dos nossos sentidos na tradição islâmica. Estas alegorias podem provocar a reflexão sobre as facetas enigmáticas e invisíveis do universo, como a matéria e a energia escuras, que, embora invisíveis a olho nu, são componentes vitais na formação do universo.

Existem vários contos de deuses e deusas que utilizam forças e energia cósmicas na mitologia e alegoria hindus. As metáforas que retratam a "Dança de Shiva" ou o "Ritmo do Oceano" representam a interação dinâmica entre criação e destruição no cosmos. Estes processos cósmicos, incluindo as misteriosas energias da matéria negra e da energia negra, podem ser melhor compreendidos através da lente destas alegorias.

Os ensinamentos budistas recorrem frequentemente a alegorias e parábolas para fornecerem conhecimentos profundos sobre a natureza da realidade. Os conceitos de impermanência, conexão e vazio são ilustrados por metáforas como as "Duas Flechas" e a "Flor de Lótus". Estas lições podem inspirar a reflexão sobre o carácter efémero e impermanente do universo material, bem como sobre as caraterísticas enigmáticas da energia e da matéria escuras.

Podemos aprofundar a nossa compreensão dos conceitos cosmológicos e das suas consequências para a investigação espiritual e filosófica, fazendo referência a parábolas e metáforas de várias tradições religiosas. Estes contos fornecem-nos quadros simbólicos para pensarmos nos mistérios do mundo, permitindo-nos abordar questões mais profundas sobre a natureza da existência e o nosso lugar nela, que ultrapassam o âmbito da ciência.

As metáforas e o simbolismo cosmológicos são frequentemente incorporados em actos concretos e experiências sensoriais nos ritos e celebrações religiosos. Através de práticas altamente corporizadas, incluindo a meditação, a oração, os cânticos e as danças sagradas, os participantes interagem com conceitos relacionados com a cosmologia. Os indivíduos interiorizam e incorporam os ensinamentos das suas tradições religiosas através do desempenho físico destes rituais, o que lhes proporciona uma perceção experimental da interconectividade do cosmos e da sua relação com ele.

Compreensão experiencial: Ao participarem em ritos e cerimónias religiosas, as pessoas podem ter experiências pessoais com conceitos cósmicos, ultrapassando a mera compreensão cerebral para atingirem novos patamares de compreensão e discernimento. Os participantes entram no espaço e no tempo sagrados através de rituais que representam a criação, a mudança e a transcendência. Isto permite-lhes estabelecer uma ligação profunda e transformadora com o divino e o cosmos. Estas experiências práticas com analogias cosmológicas promovem o desenvolvimento espiritual, a introspeção, o espanto e a admiração pelos mistérios da vida.

Os ritos e rituais religiosos reúnem as pessoas em actos comuns de culto e devoção e funcionam frequentemente como representações colectivas de ideias cosmológicas. As comunidades reforçam a sua identidade e valores comuns ao participarem juntas em rituais que honram os ciclos cósmicos, a criação divina e a interdependência de toda a vida. Através da sua busca comum de significado e objetivo dentro da ordem cósmica maior, estas tradições comunitárias ajudam as pessoas a sentirem-se ligadas e em casa.

Através da incorporação de conceitos cosmológicos em ritos e cerimónias religiosas, as tradições oferecem uma perspetiva abrangente que tem em conta tanto os aspectos materiais como espirituais da vida. Os participantes aprendem sobre as ideias subjacentes que guiam o universo e influenciam a experiência humana através de actos simbólicos, histórias sagradas e encenações rituais. Ao encorajar as pessoas a viver de acordo com os princípios divinos e a ordem cósmica, a incorporação da cosmologia na prática religiosa promove um sentido de harmonia, equilíbrio e alinhamento com o mundo natural.

De um modo geral, os conceitos e metáforas cosmológicos incorporados nos ritos religiosos, nas cerimónias e nas actividades espirituais proporcionam um método para experimentar e adquirir uma visão incorporada da natureza da realidade e do lugar da humanidade nela. As pessoas reforçam os seus laços com o divino, o universo e uns com os outros, participando ativamente em rituais que representam verdades cósmicas. Isto promove o desenvolvimento espiritual, a consciência existencial e um profundo sentido de conetividade com os mistérios da vida.

3.4.10 Arte sacra, perspetiva arquitetónica

Os objectos sagrados, os edifícios e as obras de arte funcionam como símbolos potentes que transmitem e encerram cosmologias religiosas. Estas obras de arte utilizam padrões elaborados, geometria sagrada e imagens simbólicas para ilustrar ideias cosmológicas como a criação, a ordem divina e a interligação de todas as coisas. As pessoas são encorajadas a refletir sobre as maravilhas do cosmos e o seu lugar nele, interagindo com estes símbolos Anzaldua, (2015); Reimer, et al., (2023).

Templos, mesquitas, igrejas e stupas são exemplos de estruturas religiosas cuja arquitetura incorpora frequentemente geometria sagrada e conceitos cósmicos. A sua conceção, disposição e direção podem refletir conceitos cosmológicos relativos à composição do cosmos, à ordem dos domínios celestiais e à viagem da alma. Estas áreas sagradas convidam os fiéis a sentirem admiração, veneração e transcendência, uma vez que actuam como representações materiais de cosmogonias religiosas.

Os ícones e a mitologia são frequentemente utilizados na arte sacra e nos artefactos para comunicar histórias cosmológicas e significados celestiais. As tradições religiosas retratam contos mitológicos da criação, deuses e deusas e conflitos cósmicos entre o bem e o mal através de pinturas, esculturas e artefactos cerimoniais. Ao fornecerem janelas para a visão cosmológica de uma determinada tradição, estas interpretações artísticas permitem que os crentes se relacionem com os contos sagrados e os símbolos que dão vida à sua religião Reimer, et al., (2023). Os objectos sagrados e as obras de arte são áreas focais de culto, meditação e oração em ritos religiosos e práticas devocionais. Os escritos sagrados, os monumentos e os ícones são venerados como canais de energia cósmica e de presença divina que permitem a comunicação espiritual com o universo e o divino. Ao envolverem-se com o simbolismo cosmológico infundido nestes artefactos sagrados através de actos de devoção e reverência, os crentes reforçam a sua ligação com os mundos transcendentes que eles simbolizam.

As obras de arte, estruturas e artefactos sagrados incorporam o legado cultural e a identidade, para além de serem representações da cosmologia religiosa Wilber, (2017). Transmitem informações, atitudes e crenças de uma geração para a seguinte, reflectindo simultaneamente as tradições filosóficas, artísticas e arquitectónicas de uma cultura específica. Estes artefactos culturais são lembretes físicos do desejo da humanidade de compreender os mistérios da existência e do divino, pois são repositórios de sabedoria e beleza.

A mitologia e as filosofias do Antigo Egito continham aspectos simbólicos e metafóricos que podem ser entendidos como apoio a estas ideias científicas contemporâneas. Ma'at é um símbolo do equilíbrio e da ordem básicos do universo na antiga teologia egípcia. A ideia de Ma'at de harmonia e equilíbrio no cosmos pode estar figurativamente ligada às forças relacionadas com a energia escura que governam o universo, embora não esteja diretamente ligada à energia escura ou à matéria escura Assmann, (2001); Guthrie, (1978).

De acordo com a mitologia egípcia, a criação surgiu do abismo aquoso e primordial conhecido como Nun. A ideia de uma substância grande e primordial sob o cosmos visível pode ter ressonâncias com as propriedades enigmáticas e invisíveis da matéria negra, embora não seja uma analogia direta Assmann, (2001); Wilkinson, (2003).

O éter era o elemento divino que preenchia o reino celestial para além da atmosfera da Terra, de acordo com a filosofia grega. A ideia de éter como um material ténue e invisível que envolve o universo é semelhante às caraterísticas enigmáticas da energia escura, embora não esteja diretamente associada à energia escura.

De acordo com a Teoria das Formas de Platão, existem coisas imateriais e abstractas que representam a realidade genuína que se encontra para além do universo físico. As teorias metafísicas de Platão podem ser tomadas metaforicamente para incluir as forças e estruturas invisíveis que formam o universo, mesmo que não estejam diretamente relacionadas com a matéria negra ou a energia negra Armstrong, (1967); Guthrie, (1978).

Apesar de estas ideias filosóficas e mitológicas poderem não estar diretamente relacionadas com as teorias científicas contemporâneas da energia escura e da matéria escura, oferecem, no entanto, enquadramentos simbólicos e metafóricos ricos que ajudaram as sociedades antigas a tentar dar sentido aos segredos do universo Armstrong, (1967); Guthrie, (1978). Analisar estas teorias antigas no contexto da ciência moderna pode lançar luz sobre o atual esforço humano para compreender a essência do cosmos.

Não há referências explícitas à energia escura ou à matéria escura, tal como estes termos são atualmente entendidos na física moderna, nos textos ou na literatura judaica Scholem, et al., (1995); Idel, et al., (1998); Neusner, (2000). Por outro lado, certos aspectos simbólicos e

metafóricos podem ser entendidos de uma forma coerente com estas ideias. Não há referências explícitas à energia escura ou à matéria escura, uma vez que estes termos
são atualmente entendidos na física moderna em textos ou literatura judaicos. Por outro lado, certos aspectos simbólicos e metafóricos podem ser entendidos de uma forma coerente com estas ideias Scholem, et al., (1995); Idel, et al., (1998); Neusner, (2000).

Os primeiros capítulos do Génesis, na Bíblia hebraica, contam a história da criação do universo por Deus. Estes versículos falam do vácuo primordial (tohu vavohu) e do Espírito de Deus que pairava sobre as águas, o que implica uma sensação de ausência de forma e de potencialidade antes do ato de criação, embora não abordem especificamente a energia escura ou a matéria escura Scholem, et al., (1995); Idel, et al., (1998); Neusner, (2000). Certas leituras destes textos podem estabelecer comparações entre o estado inicial do universo e as forças invisíveis que esculpem a sua composição.

As ricas tradições de textos religiosos e ensinamentos místicos podem incluir elementos metafóricos e simbólicos relacionados com conceitos cósmicos nas escrituras e na literatura etíopes; no entanto, é pouco provável que estes textos se refiram diretamente à energia negra e à matéria negra, tal como estes conceitos são entendidos na ciência moderna.

As tradições literárias litúrgicas, hinários e teológicas da Igreja Ortodoxa Etíope Tewahedo são extensas. Estes escritos podem conter representações metafóricas do universo e do divino que fazem sentido quando lidas à luz das ideias científicas contemporâneas Pankhurst, (2001); Tadesse, (1972); Ullendorff, (2000).

Exemplos de descrições que têm paralelos simbólicos com os conceitos de energia escura e matéria escura são aquelas sobre o reino espiritual, a presença divina e a interconexão de todas as coisas.

Os ensinamentos dos mestres espirituais ou a tradição monástica etíope são exemplos de tradições místicas etíopes que podem utilizar metáforas e linguagem simbólica para aludir aos segredos da criação e aos aspectos ocultos da realidade. Estes ensinamentos, que podem ser comparados ao estudo das forças e energias cósmicas invisíveis, sublinham frequentemente a importância da compreensão espiritual e da transformação interior Pankhurst, (2001); Tadesse, (1972); Ullendorff, (2000).

Os contos populares, provérbios e lendas etíopes são exemplos de tradições orais que utilizam frequentemente a narração simbólica de histórias para comunicar verdades mais profundas. Estas histórias podem ter temas de ordem cósmica, providência divina e interdependência de todas as coisas, que podem ser interpretados alegoricamente em relação às concepções cosmológicas contemporâneas, mesmo que não abordem especificamente a energia escura ou a matéria escura Pankhurst, (2001); Tadesse, (1972); Ullendorff, (2000).

Em suma, a arte sacra, as estruturas e os artefactos são expressões profundas de cosmologias e cosmogonias religiosas que representam visual e simbolicamente os legados culturais e as verdades espirituais de várias tradições religiosas. Estas estruturas sagradas inspiram reflexão, reverência e admiração pelo seu rico simbolismo, arquitetura imponente e histórias mitológicas. Também lançam luz sobre a ligação entre o espírito humano e o vasto cosmos.

3.5 Conclusões e recomendações

3.5.1 Conclusões

A utilização de uma abordagem interdisciplinar que incorpore perspectivas da religião, filosofia, ciência e cultura é benéfica quando se estudam conceitos cosmológicos. Através de várias lentes de investigação, cada campo enriquece a nossa compreensão do cosmos, fornecendo perspectivas e estratégias distintas para investigar os seus segredos. As tradições religiosas utilizam frequentemente uma linguagem simbólica e metafórica para explicar ideias cósmicas, fornecendo interpretações complexas que ultrapassam a compreensão literal. Alegorias, parábolas e metáforas encorajam a introspeção e a contemplação, ao mesmo tempo que exprimem verdades importantes sobre a natureza da realidade e o lugar da humanidade nela.

Enquanto a espiritualidade oferece interpretações existenciais e transcendentes que abordam problemas de significado, objetivo e realidade última, a ciência oferece explicações empíricas para ocorrências cosmológicas. Uma visão abrangente do cosmos que respeite tanto a intuição espiritual como a investigação científica é possível graças à fusão da ciência e da espiritualidade.

As práticas sagradas, os rituais e as cerimónias na religião oferecem meios incorporados e experimentais para interagir com conceitos de cosmologia. As pessoas podem desenvolver uma compreensão mais profunda do universo e do seu lugar nele, participando em rituais e actividades contemplativas que promovem o desenvolvimento espiritual e a consciência existencial.

As estruturas, obras de arte e artefactos sagrados são símbolos e representações visuais de ideias metafísicas e cosmologias religiosas. Estas manifestações culturais transmitem conhecimentos e legados culturais às gerações futuras, reflectindo a diversidade da criatividade e da espiritualidade humanas.

A investigação cosmológica é fundamentalmente motivada pela profunda necessidade humana de transcendência, significado e compreensão. Pessoas de todas as origens religiosas e culturais tentam compreender os mistérios da vida, debatem-se com questões existenciais, desenvolvem admiração e maravilham-se com a complexidade e beleza do universo.

Em suma, a análise dos conceitos cosmológicos do ponto de vista da religião, da filosofia e da cultura revela uma teia de realidades inter-relacionadas que ultrapassam as fronteiras disciplinares. Podemos apreciar melhor os grandes mistérios do universo e o nosso lugar nele, interagindo com diferentes pontos de vista e estilos de investigação. Isto ajuda-nos a desenvolver uma imagem holística da existência, considerando os aspectos espirituais e empíricos.

Em conclusão, a investigação da energia e da matéria escuras do ponto de vista da ciência e da religião realça a riqueza e a complexidade do nosso conhecimento do cosmos. A investigação sobre a matéria e a energia escuras contribuiu grandemente para o conhecimento científico da estrutura, evolução e forças fundamentais do Universo. Os cientistas lançaram luz sobre o tecido invisível que molda o universo, revelando a natureza misteriosa destes fenómenos cósmicos através de uma investigação empírica exaustiva e de modelos teóricos.

As crenças das pessoas baseiam-se nas suas religiões e nos seus livros sagrados e também fornecem informações significativas sobre os aspectos metafísicos da existência. Os conceitos cosmológicos são comunicados através de histórias simbólicas, metáforas e rituais em diferentes contextos religiosos, reflectindo a busca persistente da humanidade por transcendência, significado e uma relação com o divino. Obras de arte sacras, estruturas e outros artefactos são exemplos de objectos religiosos que são representações materiais destas ideias cósmicas, evocando admiração e reflexão sobre os segredos da criação.

Embora a religião e a ciência pareçam estar em desacordo, são semelhantes no facto de ambas valorizarem a riqueza e a beleza do universo. O universo pode ser compreendido de formas complementares a partir de ambas as perspectivas, aumentando o nosso conhecimento das suas maravilhas e do nosso papel no seu seio. A investigação científica e espiritual sobre as profundezas da matéria negra e da energia negra está a expandir o nosso conhecimento do universo e da forma como estamos todos inter-relacionados com a sua extensão ilimitada. A beleza da compreensão cosmológica reside neste ponto de encontro entre a investigação científica e a reflexão religiosa; convida-nos a ser humildes perante a vastidão e o mistério do Universo e a maravilharmo-nos com a sua enormidade e mistério.

3.5.2 Recomendações

São feitas várias sugestões à luz da investigação da matéria negra, da energia negra e da compreensão cosmológica, tanto do ponto de vista científico como teológico:

• Para promover um conhecimento abrangente dos conceitos cosmológicos, os cientistas, os teólogos, os filósofos e os especialistas culturais devem colaborar e envolver-se num diálogo interdisciplinar. Podemos compreender melhor o universo e investigar as ligações entre a ciência e a religião através da combinação de diferentes pontos de vista.

• Encorajar iniciativas educativas e programas de divulgação que realcem a forma como a investigação cosmológica integra a visão religiosa com o conhecimento científico. O envolvimento com comunidades, instituições educativas e grupos religiosos pode ajudar a promover uma melhor consciencialização da complexidade do universo e da variedade de perspectivas que nele existem.

• Promover a contemplação moral e a ação baseada na compreensão cósmica, tanto do ponto de vista religioso como científico. Podemos desenvolver um sentido mais forte de dever e de cuidado para com a Terra e os seus habitantes, reflectindo sobre o nosso papel no universo e a nossa ligação a todos os outros seres vivos.

• Incentivar a preservação e a proteção das tradições religiosas que defendem ideias e práticas cosmológicas, bem como dos objectos culturais e dos locais sagrados.
Respeitamos a diversidade e a profundidade da expressão espiritual humana, preservando estes tesouros culturais e assegurando a sua transmissão às gerações vindouras.

• Promover mais investigação científica e espiritual sobre os mistérios da matéria negra, da energia e do universo. Podemos continuar a resolver os mistérios do universo e alargar a nossa compreensão da sua complexidade e beleza, abraçando a curiosidade e a investigação de espírito aberto.

• Incentivar a comunicação e a compreensão entre as comunidades religiosas e científicas, realçando o valor do discernimento espiritual e da investigação empírica na busca de significado e verdade. Pode criar caminhos para uma maior unidade e colaboração na nossa aventura cósmica, fomentando o respeito e a admiração mútuos.

• Ao incorporar estas sugestões, a compreensão cosmológica pode tornar-se mais abrangente e integrada, aumentando a nossa consciência das maravilhas do universo e da variedade de formas em que são vistas e compreendidas.

Referências

1. Anzaldua G. (2015). Luz no escuro / Luz En Lo Oscuro: Reescrevendo Identidade, Espiritualidade, Realidade. Duke University Press.
2. Aprile, E. et al. (2017). Primeiros resultados de pesquisa de matéria escura do experimento XENON1T, Physical Review, 119, 18130 1-6
3. Aprile, E. et al. (XENON Collaboration), (2016). Alcance físico da matéria escura XENON1T, experimento, J. Cosmol. Astropart. Phys. 04 (2016) 027-035.
4. Armstrong, A. H., The Cambridge History of Later Greek and Early Medieval Philosophy. Cambridge University Press, 1967.
5. Assmann, Jan. The Search for God in Ancient Egypt [A Procura de Deus no Antigo Egito]. Cornell University Press, 2001.
6. Bartelmann, M., & Schneider, P. (2001). Weak gravitational lensing. Physics Reports, 340, 4(5), 291-472.
7. Baskin K., e Bondarenko D. 2014. As Idades Axiais da História Mundial: Lições para o século 21. Publicações Emergentes.

8. Bertone, G., & Hooper, D. (2018). História da matéria escura. Revisões de Física Moderna, 90(4), 045002.

9. Bertone, G., Hooper, D., & Silk, J. (2005). Matéria escura de partículas: evidências, candidatos e restrições. Physics Reports, 405(5-6), 279-390.

10. Boehm, C. Enblin, T.A. e Silk, J. (2004). Pode a matéria escura aniquilante ser mais leve do que alguns GeVs? J. Phys. G: Nucl. Part. Phys. 30(3), 279- 294

11. Bosma, A. (1981). A distribuição e cinemática do hidrogénio neutro em galáxias espirais de vários tipos morfológicos. The Astronomical Journal, 86(10), 1825-1847.

12. Caldwell, R. R. (2002). "Uma Ameaça Fantasma? Cosmological Consequences of a Dark Energy Component with a Super-Negative Equation of State". Physics Letters B, 545(1-2), 23-29.

13. Caldwell, R. R., Kamionkowski, M., & Weinberg, N. N. (2003). "Energia Fantasma e Dia do Juízo Final Cósmico". Physical Review Letters, 91(7), 071301.

14. Caldwell, R. R., Dave, R., & Steinhardt, P. J. (1998). "Impressão Cosmológica de um Componente de Energia com Equação Geral de Estado". Physical Review Letters, 80(8), 1582-1585.

15. Capra, Fritjof. O Tao da Física: An Exploration of the Parallels Between Modern Physics and Eastern Mysticism [Uma Exploração dos Paralelos entre a Física Moderna e o Misticismo Oriental]. Publicações Shambhala, 2010.

16. Carroll, S. M. (2001). A constante cosmológica. Living Reviews in Relativity, 4(1), 1-11

17. Copeland, E. J., Sami, M., & Tsujikawa, S. (2006). Referências de apoio. International Journal of Modern Physics D, 15(11), 1753-1936, "Dynamics of Dark Energy."(2013)

18. Eisenstein, D. J., et al. (2005). "Deteção do Pico Acústico Bariónico na Função de Correlação em Grande Escala das Galáxias Vermelhas Luminosas do SDSS". The Astrophysical Journal, vol. 633, 560-574

19. Frieman, J. A., et al. (2008). "A energia negra e o universo em aceleração". Annals of the New York Academy of Sciences, vol. 1122, pp. 247-258.

20. Gaskin, J.M. (2016), A review of indirect searches for particle dark matter, arXiv:1604.00014 [astro-ph.HE], 1-32

21. Guthrie, W. K. C., A History of Greek Philosophy. Cambridge University Press, 1978.

22. Gurzadyan, V.G.; Xue, S.S. (2003). Sobre a estimativa do valor atual da constante cosmológica. Modern Phys. Lett. A, 18, 561.

23. Guth, A. H. (1981). O Universo Inflacionário: A Possible Solution to the Horizon and Flatness Problems. Physical Review D, 23(2), 347-356.

24. Idel, Moshe. Cabala: New Perspectives. Yale University Press, 1988.

25. Komatsu, E. et al. (2011). Observações de sete anos da sonda Wilkinson Microwave Anisotropy Probe (WMAP): Cosmological Interpretation. The Astrophysical Journal Supplement Series, 192(2), 18.

26. Massey, R., et al. (2010). Dark matter maps reveal cosmic scaffolding. Nature, 467(7317), 811-813.

27. Martin, J. (2013). Tudo o que sempre quiseste saber sobre o problema da constante cosmológica (mas tinhas medo de perguntar), 840-865, Comptes Rendus Physique, 14(9).

28. Neusner, Jacob. The Wisdom of Judaism [A Sabedoria do Judaísmo]: An Introduction to the Values of the Talmud [Uma Introdução aos Valores do Talmude]. Westminster John Knox Press, 2000.

29. Pankhurst, Richard. The Ethiopians: A History. Wiley-Blackwell, 2001.

30. Perlmutter, S., et al. (1999). Medições de Ω e Λ de 42 supernovas de alto redshift. The Astrophysical Journal, 517(2), 565-586.

31. Planck, et al. (2020). Resultados do Planck 2018. VI. Parâmetros cosmológicos. Astronomia

& Astrofísica, 641, A6.

32. Peebles, P. J. E., & Ratra, B. (2003). A constante cosmológica e a energia escura. Reviews of Modern Physics, 75(2), 559-606.

33. Peebles, P. J. E. (1993). Principles of Physical Cosmology. Princeton University Press.

34. Reimer M., Mackie A., e Rowlatt M. 2023. Alexandria. Encyclopaedia Britannica. URL: https://www.britannica.com/place/Alexandria-Egypt. Data de acesso: 26.10.2023.

35. Riess, A. G., et al. (1998). A evidência observacional das supernovas sugere um universo em aceleração e uma constante cosmológica. The Astronomical Journal, 116(3), 1009-1038.

36. Rubin, V. C., & Ford, W. K. (1970). Rotação da Nebulosa de Andrômeda a partir de um levantamento espetroscópico de regiões de emissão. The Astrophysical Journal, 159, 379-403.

37. Scholem, Gershom. Major Trends in Jewish Mysticism [Principais Tendências no Misticismo Judaico]. Schocken Books, 1995.

38. Shrestha, C.K. (2013). Energia escura, The Himalayan Physics, 4, 126-130

39. Smith, Huston. The World's Religions [As Religiões do Mundo]: Our Great Wisdom Traditions [As Religiões do Mundo: Nossas Grandes Tradições de Sabedoria]. Harper- One, 1991.

40. Steinhardt, P. J., Wang, L.-M., & Zlatev, I. (1999). "Soluções de rastreamento cosmológico". Physical Review D, 59(12), 123504.

41. Tadesse, Getatchew. Ancient and Medieval Ethiopian History to 1270 (História da Etiópia Antiga e Medieval até 1270). United Printers, 1972.

42. Tsujikawa, S. (2013). Classical and Quantum Gravity, 30(21), 214003; "Quintessence: A Review".

43. Tegmark, M., et al. (2006). "Restrições Cosmológicas das Galáxias Vermelhas Luminosas SDSS". Physical Review D, vol. 74, no. 12, 123507.

44. Ullendorff, Edward. The Ethiopians: An Introduction to Country and People [Os Etíopes: Uma Introdução ao País e ao Povo]. Oxford University Press, 2000.

45. Weinberg, D. H., (2005). Dark Energy: The Observational Challenge. New Astron. Rev. 49, 337-345.

46. Weinberg, S. (1989). O problema da constante cosmológica. Reviewes of modern physics, 61(1), 1-23.

47. Wilber, K. (2017). A Religião do Amanhã: Uma Visão para o Futuro das Grandes Tradições - Mais Inclusiva, Mais Abrangente, Mais Completa. Shambhala.

48. Wilber, Ken. The Marriage of Sense and Soul: Integrating Science and Religion [O Casamento do Sentido e da Alma: Integrando Ciência e Religião]. Broadway Books, 1998.

49. Wilkinson, Richard H., The Complete Gods and Goddesses of Ancient Egypt [Os Deuses e Deusas Completos do Antigo Egito]. Thames & Hudson, 2003.

50. Zwicky, F. (1933). Die Rotverschiebung von extragalaktischen Nebeln. Helvetica Physica Ata, 6, 110-127.

Capítulo 4

Revelando a intersecção de Astronomia e ideias temporais nos guardiões do tempo divino

Resumo

Este artigo apresenta uma análise aprofundada das relações existentes entre a astronomia, a religião e o tempo, bem como dos efeitos significativos que essas relações têm na sociedade humana. Examina a forma como várias civilizações e tradições compreenderam o tempo e a sua relação com os fenómenos astronómicos, com base em pontos de vista históricos, culturais e teológicos. O estudo esclarece a forma como os acontecimentos astronómicos influenciaram as práticas religiosas, os calendários e os locais sagrados em muitas nações através de estudos de casos e da análise de crenças religiosas, rituais e cosmologias. Além disso, explora a influência das perspectivas temporais extraídas de quadros religiosos e astronómicos em convicções éticas, perspectivas existenciais e padrões sociais. As formas intrincadas como a astronomia, a religião e o tempo têm impacto na civilização humana e na visão do mundo são evidenciadas pela integração de informação de diferentes disciplinas nesta investigação.

Palavras-chave: tempo, religião, astronomia, perspectivas culturais, impactos sociais, cosmologia

4.1 Introdução

A ideia principal que permeia tanto a existência humana como a nossa compreensão do universo em todas as suas manifestações e utilizações é o tempo. Para além de contextos culturais e religiosos profundamente enraizados, esta intrincada interação do tempo é expressa em domínios científicos como a astronomia.

Além disso, o tempo é uma noção fundamental para a consciência humana e influencia muitos aspectos da vida, incluindo a ciência, a religião e a cultura. As complexas inter-relações entre a astronomia, a religião e o tempo reflectem o esforço contínuo da humanidade para compreender os segredos da existência e o seu lugar no universo. Por este motivo, analisar as intersecções de várias profissões pode ajudar-nos a compreender o mundo e a natureza humana.

A investigação astronómica sobre entidades e fenómenos celestes permite compreender a natureza do tempo à escala cósmica. Há muito tempo que os astrónomos tentam compreender a estrutura temporal do universo, desde os padrões cíclicos dos movimentos celestes até à ideia de escalas de tempo cósmicas. Por exemplo, os intervalos de tempo através de ocorrências e medições astronómicas, tais como a rotação dos planetas ou a periodicidade dos eventos celestes, contribuíram para o desenvolvimento de calendários e sistemas de cronometragem ao longo das civilizações (Morrison et al. 2007).

Com a sua ênfase nos corpos celestes e nos processos cósmicos, a astronomia oferece uma perspetiva para examinar a natureza do tempo. Os astrónomos podem ver as grandes extensões das escalas de tempo cósmicas estudando eventos astronómicos como o movimento planetário, a evolução estelar e fenómenos intergalácticos como as ondas gravitacionais (Kuhn, 2013). Para além de expandir o nosso conhecimento do cosmos, a medição e interpretação destes acontecimentos temporais influenciam a forma como a cultura encara o tempo e a passagem das eras.

O significado religioso e cultural atribuído aos fenómenos astronómicos realça ainda mais a estreita relação entre cosmologia, tempo e espiritualidade. Em muitas tradições espirituais, os eventos astronómicos são marcadores do tempo sagrado, orientando rituais, festivais e contos cósmicos (Fowler, 2018). Por exemplo, os alinhamentos dos corpos celestes podem significar princípios cósmicos em cosmologias religiosas ou sugerir as melhores alturas para observar determinados feriados religiosos. A análise das diferentes formas como as sociedades interpretaram as ocorrências astronómicas permite-nos compreender o significado que os seres humanos atribuíram ao tempo em termos espirituais e de sentido.

Além disso, as tradições religiosas de todo o mundo construíram histórias complexas em torno de ocorrências celestes, conferindo-lhes marcadores temporais e importância espiritual (North, 2015). As interpretações religiosas de eventos astronómicos, como cometas, eclipses e transições sazonais marcadas pelos solstícios e equinócios, cruzam-se frequentemente com narrativas cosmológicas para influenciar rituais religiosos e calendários culturais (Montelle Bucher, 2015). Ao analisar os aspectos espirituais do tempo em muitos contextos culturais, podemos revelar a intrincada rede de práticas e crenças que incorporam a busca da humanidade pela transcendência e pelo equilíbrio cósmico.

A complexa interação entre astronomia, religião e tempo cria um intrigante mosaico de interações entre ciência, cultura e espiritualidade. Mas mesmo com as ricas interações históricas e modernas entre estes campos, continua a ser necessária uma investigação académica aprofundada dos processos complexos que influenciam a forma como as pessoas percepcionam o tempo em vários contextos culturais e cosmológicos. Uma multiplicidade de trabalhos de investigação tem investigado o significado social dos acontecimentos celestes e os fundamentos astronómicos dos rituais e crenças religiosos. Assim, a nossa capacidade de compreender as implicações fundamentais das percepções temporais nas sociedades humanas e nas visões cósmicas do mundo é dificultada pela falta de uma compreensão coerente da forma como estes domínios se influenciam e alteram mutuamente (North, 2015; Montelle Bucher, 2015).

Além disso, é necessário um conhecimento complexo do modo como o tempo, a religião e a astronomia se intersectam para moldar as respostas humanas e os mecanismos de sobrevivência à luz das preocupações do mundo moderno, como as catástrofes ambientais, as convulsões sociopolíticas e os avanços tecnológicos. Os académicos podem oferecer conhecimentos significativos sobre as técnicas adaptativas para enfrentar dificuldades e problemas existenciais, clarificando as intrincadas interdependências das concepções culturais do tempo, das cosmologias religiosas e dos acontecimentos astronómicos. É necessária uma abordagem multidisciplinar que integre ideias da antropologia, da história, da religião, da astronomia e dos estudos culturais para abordar adequadamente o tema e desvendar a intrincada teia de percepções temporais que atravessa as civilizações e épocas humanas (Kuhn, 2013; North, 2015).

Examine as relações complexas entre tempo, religião e astronomia nesta investigação multidisciplinar para clarificar as ligações profundas que sustentam a forma como as pessoas entendem o tempo e o universo.

Este estudo visa fornecer as intrincadas ligações e influências entre a astronomia, a religião e o tempo em contextos históricos, culturais e geográficos para clarificar estas ligações. O programa procura particularmente atingir os seguintes objectivos

• Investigar como o tempo, a religião e a astronomia se cruzaram historicamente e
em muitas culturas e tradições.

• Investigar a forma como os acontecimentos astronómicos e as concepções temporais têm impacto nas crenças, ritos e cosmologias religiosas.

• Examinar as concepções culturais do tempo que afectam as práticas religiosas, as visões cosmológicas do mundo e as normas sociais.

• Analisar a forma como a astronomia afecta os festivais religiosos, os calendários e as cerimónias sagradas e como aparece na mitologia e nas histórias religiosas.

• Avaliar os efeitos nas sociedades humanas, convicções éticas e perspectivas existenciais de perspectivas temporais extraídas de quadros astronómicos e teológicos.

Ao atingir estes objectivos, o projeto procura aprofundar a nossa compreensão das complexas inter-relações entre astronomia, religião e tempo e as profundas implicações que as relações têm na sociedade humana, na cultura e na visão do mundo. Além disso, o projeto visa lançar luz sobre as diferentes percepções temporais que influenciam as experiências e relações humanas com o universo através de uma abordagem multidisciplinar que recorre a campos de conhecimento da astronomia, estudos culturais, história, antropologia e teologia.

4.1.1 Examinar as confluências históricas da astronomia, da religião e do tempo nas culturas e tradições

Antiga Mesopotâmia

Na antiga Mesopotâmia, existia uma estreita relação entre a astronomia, a religião e a contagem do tempo. Por exemplo, os babilónios criaram métodos matemáticos complexos e medições astronómicas para seguir os movimentos celestes diretamente relacionados com as suas crenças religiosas. Criaram calendários intrincados com significado espiritual para cada incidência astronómica, baseados em ciclos solares e lunares.

Antigo Egito

Os planetas estavam associados aos seus deuses e os egípcios tinham o céu em grande estima. Estabeleceram um calendário solar baseado na inundação anual do Nilo para sincronizar as suas actividades agrícolas com as ocorrências celestes Andualem e Goshu, (2023). Os templos e as pirâmides foram construídos para fins sagrados e práticos, com cálculos astronómicos precisos. A relação das pirâmides com algumas constelações, como o Cinturão de Orion, sugere que se acredita que os reinos celeste e terrestre estão interligados.

Grécia Antiga

A investigação astronómica estava intimamente relacionada com questões filosóficas e convicções religiosas na Grécia antiga. Os pensadores gregos, como Platão e Aristóteles, propuseram hipóteses sobre o universo e o movimento dos corpos celestes, ao considerarem a natureza do cosmos. Os alinhamentos astronómicos eram frequentemente incluídos na arquitetura dos templos gregos, por exemplo, a orientação do Partenon para o sol nascente nos equinócios. Os gregos também criaram calendários complexos que ligavam os ritos e festivais religiosos a ocorrências astronómicas. Estes calendários baseavam-se em ciclos lunares e solares.

A Europa na Idade Média

O cristianismo influenciou as ideias europeias sobre o tempo, a religião e a astronomia. A influência da Igreja na astronomia é demonstrada pela construção de catedrais com elementos celestes, como rosáceas e relógios astronómicos. As ordens monásticas preservaram escritos antigos sobre astronomia e matemática, que ajudaram a difundir o conhecimento ao longo das gerações. Uma forma de fundir a observância religiosa com as ocorrências astronómicas é através do calendário litúrgico cristão, que inclui eventos celestes. O cálculo da Páscoa com base no ciclo lunar é um exemplo disso.

Índia Antiga

Na Índia antiga, a astronomia, a religião e o tempo estavam interligados de diferentes formas. Os Vedas, uma coleção de textos hindus antigos, revelam um profundo conhecimento da astronomia através das suas referências aos movimentos dos corpos celestes. Na cosmologia hindu, a ideia de yugas, ou eras cósmicas, representa a natureza cíclica do tempo, com configurações celestes distintas correspondentes a cada era. Além disso, os Siddhantas e o Surya Siddhanta, que incluem cálculos e observações astronómicas aprofundadas, atestam os importantes contributos dos antigos astrónomos indianos para a astronomia.

Antigo Israel/Judaísmo

O tempo estava intimamente associado à observância religiosa e aos ciclos agrícolas no antigo Israel, tal como em muitas outras culturas antigas. As festas e cerimónias religiosas eram regidas pelo calendário hebraico, que se baseava em ciclos solares e lunares. Por exemplo, o calendário lunar regia a calendarização de feriados como o Sucot e a Páscoa, mas o Sabbath era observado todas as semanas. O início dos meses e as datas dos feriados religiosos eram determinados pela astronomia, sendo o aparecimento da lua nova especialmente significativo.

O calendário judaico baseia-se principalmente na lua (lunar), com modificações periódicas efectuadas para ter em conta as variações entre os ciclos solar e lunar, em contraste com o calendário gregoriano (civil), que se baseia no sol (solar). Consequentemente, pode caraterizar-se o calendário judaico como solar e lunar. Um mês lunar equivale a 354 dias, com a lua a demorar, em média, vinte e nove dias e meio a completar o seu ciclo. A luz solar tem 365 1/4 dias num ano. Todos os anos, há uma diferença de onze dias. Sete vezes em cada dezanove anos, é acrescentado um mês ao calendário hebraico para que os feriados judaicos caiam sempre na estação correta.

China Antiga

A civilização chinesa produziu um sistema avançado de observação astronómica e de contagem do tempo. O calendário chinês regia os feriados religiosos e as práticas agrícolas. Baseava-se nos ciclos lunares e solares. Textos como o Livro das Mutações (I Ching) e o Livro dos Documentos (Shujing), que discutiam os acontecimentos celestes e a sua importância, incluíam observações astronómicas. Os chineses inventaram também instrumentos como o gnómon e a esfera armilar para medir os movimentos celestes e determinar o tempo.

Um dos mais antigos dispositivos astronómicos remonta à China antiga e a outras culturas. É constituído por uma haste ou pilar vertical, geralmente posicionado perpendicularmente ao chão. O método de funcionamento do gnómon consiste em projetar uma sombra que muda de comprimento e de direção ao longo do dia para representar a posição do Sol.

O principal objetivo do gnómon na China antiga era saber as horas do dia e as estações do ano. Os astrónomos podiam determinar a hora do dia e seguir o percurso do Sol durante todo o ano, medindo o comprimento e a direção da sombra criada pelo gnómon.

Os solstícios e os equinócios, datas importantes nas tradições agrícolas e cerimoniais chinesas, eram igualmente determinados em grande parte pelo gnómon. Os astrónomos podiam determinar as datas exactas destes acontecimentos celestes examinando atentamente o ângulo da sombra do gnómon ao meio-dia.

Uma ferramenta astronómica mais complexa, a esfera armilar é composta por anéis ou aros interligados que simbolizam círculos celestes, incluindo os meridianos, a eclítica e o equador celeste. A esfera pode girar livremente em torno do seu eixo, assumir várias direcções e é segura.

Na China antiga, a esfera armilar era utilizada para fins de observação e teóricos. Os astrónomos utilizavam-na para examinar e mostrar os movimentos de muitos corpos celestes, incluindo o Sol, a Lua e as estrelas. Os astrónomos podem determinar a localização exacta de um objeto no céu, comparando os anéis da esfera armilar com as coordenadas celestes do objeto.

Etiópia Antiga

A observância religiosa e a contagem do tempo estavam interligadas na antiga Etiópia, especialmente na Igreja Ortodoxa Etíope. Tal como o calendário copta, o calendário etíope deriva do antigo calendário alexandrino e combina aspectos dos ciclos solar e lunar. Este calendário estabelece festas e observâncias religiosas; a época da Páscoa é especialmente significativa. A construção de monumentos de pedra arcaicos, como as estelas de Axum, que podem ter sido alinhadas com as estrelas, mostra que a cultura etíope beneficiou da astronomia Andualem e Goshu, (2024).

Américas Antigas

O tempo, a religião e a astronomia tiveram um papel importante na estrutura socioeconómica e nos sistemas de crenças religiosas das antigas civilizações americanas, incluindo os maias, os astecas e os incas. Por exemplo, os maias criaram um intrincado sistema de calendário baseado em medições astronómicas exactas e associavam os ritos e cerimónias religiosas a acontecimentos celestiais. Da mesma forma, as civilizações Inca e Azteca utilizaram a astronomia para informar as suas práticas espirituais, construindo monumentos e templos orientados para corresponder aos corpos celestes. A compreensão dos movimentos dos corpos celestes era essencial para estabelecer estruturas sociais, feriados religiosos e ciclos agrícolas.

4.2 Impacto das concepções temporais e dos eventos astronómicos nas crenças, rituais e cosmologias religiosas

As ocorrências astronómicas e as concepções temporais são significativas em muitas tradições religiosas, influenciando rituais, cosmologias e crenças. As ocorrências astronómicas e as concepções temporais são importantes em muitas tradições religiosas, influenciando rituais, cosmologias e crenças. Por exemplo, o calendário lunar desempenha um papel importante na programação de festivais e ritos espirituais do Hinduísmo, como o Diwali e o Navaratri, que se baseiam nas fases da lua. O calendário lunar também serve de base às celebrações espirituais no judaísmo, incluindo o Sabbath e festivais como o Rosh Hashanah e a Páscoa. Estas tradições realçam a ligação entre as práticas religiosas e as ocorrências celestes.

O calendário juliano é utilizado no cristianismo ortodoxo etíope, e os dias santos e os períodos de jejum estão ligados a ocasiões astronómicas específicas, como o solstício de verão. Além disso, foram criados calendários astronómicos avançados pelas sociedades pré-históricas americanas, como os maias e os astecas, para monitorizar os movimentos celestes e sincronizar as observâncias religiosas com acontecimentos astronómicos como os solstícios e os equinócios.

Estes exemplos realçam a complexa interação entre a esfera celeste e a espiritualidade humana ao longo da história e mostram a influência significativa das ocorrências astronómicas e das concepções temporais nas crenças religiosas, cerimónias e cosmologias de muitas nações e tradições.

As ocorrências astronómicas têm importância espiritual no Islão e são referidas nos escritos sagrados. Por exemplo, os meses lunares islâmicos começam com o aparecimento da lua nova, o que determina quando se observam rituais religiosos como o jejum do Ramadão e a celebração do Eid al-Fitr. Além disso, a qibla das mesquitas, ou a direção para a Kaaba em Meca, indica um alinhamento das estrelas com a direção sagrada do culto.

Os rituais e as crenças religiosas hindus têm as suas raízes na observação de acontecimentos astronómicos. A astrologia, ou Jyotisha, baseia-se na ideia de que o movimento dos corpos celestes afecta o destino humano. Os feriados e cerimónias hindus são muitas vezes programados para coincidir com ocorrências celestes que têm um significado simbólico e espiritual, como os eclipses solares e lunares. A mitologia hindu enfatiza a ligação cósmica entre a religião e as estrelas através da colocação de templos e da proeminência de divindades celestiais. As doutrinas e os costumes astronómicos são frequentemente incorporados nas estruturas espirituais de outras religiões. Por exemplo, a divindade solar Ra tinha um papel importante na mitologia do antigo Egito e as crenças religiosas estavam fortemente relacionadas com os fenómenos astronómicos. Do mesmo modo, as sociedades indígenas de todo o mundo comemoram frequentemente acontecimentos astronómicos, como os solstícios e os equinócios, através de uma variedade de ritos e cerimónias que acreditam ter um significado espiritual.

De acordo com a tradição judaica, a programação das observâncias religiosas e das festas é grandemente influenciada por fenómenos astronómicos. Baseado em ciclos lunares, o calendário judaico começa todos os meses com o aparecimento da lua nova. Este calendário lunar determina as datas de feriados como o Yom Kippur, o Rosh Hashanah e a Páscoa, que têm de coincidir com períodos astronómicos específicos.

Os livros sagrados judaicos, como a Torah e o Talmud, referem-se frequentemente aos movimentos dos corpos celestes quando discutem o conceito de tempo. Por exemplo, o sol e a lua são descritos como tendo sido feitos por Deus no livro do Génesis para significar os dias, as estações e os anos. Além disso, as tradições judaicas identificam o Tekufat Nisan, a ocorrência astronómica do equinócio vernal, como um fator crucial na determinação do calendário da Páscoa. O misticismo judaico também utiliza a astronomia como um símbolo, especialmente nos ensinamentos da Cabala. As estrelas e os planetas são dispostos de forma alegórica para exprimir verdades espirituais e os corpos celestes são frequentemente entendidos como símbolos de caraterísticas celestiais.

Existem em Israel observatórios e instalações de investigação dedicados ao estudo da astronomia, uma vez que as comunidades judaicas e os académicos continuam a interessar-se por este domínio. A fusão contínua da ciência e da religião na cultura judaica é demonstrada nos cursos de astronomia e astrofísica oferecidos pela Universidade Hebraica de Jerusalém.

De um modo geral, as ocorrências astronómicas são vistas como manifestações divinas em muitas tradições religiosas. Esta perspetiva influencia as ideias cosmológicas, orienta as observâncias religiosas e cultiva uma ligação mais forte entre os reinos terrestre e celeste.

4.3 Concepções culturais do tempo: impactos nos padrões sociais, visões cosmológicas do mundo e actividades religiosas

As concepções de tempo têm um impacto profundo nas normas sociais, nas visões cosmológicas do mundo e nas práticas religiosas de muitas civilizações diferentes em todo o mundo. Por exemplo, nas nações ocidentais, as pessoas vêem o tempo como linear, com caminhos separados para o passado, o presente e o futuro. Esta perspetiva do tempo afecta as normas sociais sobre pontualidade, produtividade e planeamento futuro (Adam, 1995).

Por outro lado, muitas culturas indígenas, como as de algumas regiões de África e da América do Sul, têm concepções cíclicas do tempo, em que se pensa que as estações ou os ciclos de ocorrências se repetem. Este entendimento cíclico do tempo afecta os rituais religiosos, os ritmos agrícolas e as práticas culturais relacionadas com as mudanças sazonais ou as fases da lua (Mbiti, 1969).

Além disso, o tempo é frequentemente visto como cíclico e eterno nas tradições intelectuais orientais, como o budismo e o hinduísmo, onde se diz que o universo passa por ciclos intermináveis de criação, destruição e reencarnação. Os pontos de vista religiosos sobre o renascimento, o karma e a transitoriedade das coisas terrenas são influenciados por esta visão do mundo (Eliade, 1954).

Para além de formar identidades individuais e de grupo, estas várias concepções culturais do tempo têm um impacto nas normas sociais, nos sistemas éticos e nas visões do cosmos. Saber como as cosmologias religiosas e as ideias culturais sobre o tempo interagem é crucial para compreender as complexidades das culturas humanas e das crenças espirituais (Halbertal & Margalit, 1992).

4.3.1 O impacto celestial e o significado da astronomia nas cerimónias, calendários e festivais religiosos

A astronomia tem um impacto celestial significativo e abrangente e um significado em ritos sagrados, calendários e festivais religiosos. Os acontecimentos astronómicos moldaram as observâncias religiosas, designaram dias importantes nos calendários e influenciaram a programação de cerimónias e aniversários em várias nações e tradições. Por exemplo, os alinhamentos astronómicos desempenharam um papel nos ritos religiosos das antigas civilizações maia, asteca e egípcia. Os templos e monumentos eram construídos em função dos equinócios e solstícios, dois fenómenos celestes. Do mesmo modo, o hinduísmo utiliza o sol e a lua para determinar as melhores alturas para realizar rituais e celebrar feriados como o Diwali e o Holi.

Além disso, a criação de calendários religiosos, que incluem frequentemente ciclos astronómicos como os anos solares e os meses lunares, tem sido auxiliada pelo estudo da astronomia. Por exemplo, o calendário judaico mistura os ciclos lunar e solar para estabelecer as datas dos principais feriados, como a Páscoa e o Yom Kippur. O calendário islâmico baseia-se no ciclo lunar, com os meses a começarem com o aparecimento da lua nova. Nos mitos e lendas religiosos, a astronomia desempenha um papel importante. Os fenómenos celestes são frequentemente interpretados como mensagens divinas ou sinais dos deuses.

4.3.2 Avaliar o impacto das perspectivas temporais dos quadros astronómicos e teológicos nas sociedades humanas, nas convicções éticas e nas perspectivas existenciais

Explora a forma como as crenças sobre o tempo, o universo e a intervenção divina têm impacto nos princípios morais, nas convenções sociais e na perceção que as pessoas têm da realidade, através de um estudo da ligação entre astronomia e religião Smith, (2015); Williams, (2018). Esta análise tenta esclarecer as complexas interações entre concepções temporais, crenças religiosas e instituições sociais, recorrendo a investigação interdisciplinar, incluindo trabalhos em antropologia, sociologia e estudos religiosos Davis, (2019). Esta secção examina exemplos históricos e contemporâneos em contextos culturais e religiosos para elucidar o impacto das perspectivas temporais no desenvolvimento das civilizações humanas, dos sistemas éticos e das perspectivas filosóficas. Johnson (2020).

4.4 Cronometristas

4.4.1 Perspetiva cultural

Os guardiões do tempo de várias nações têm visões do mundo ricas e multifacetadas, profundamente enraizadas nas suas tradições filosóficas e culturais. Na antiga Mesopotâmia, estes guardiões do tempo, muitas vezes sacerdotes ou astrónomos, viam o tempo como cíclico, reflectindo os ciclos dos céus e do mundo natural. A sua visão do mundo era moldada pela crença numa ordem cósmica governada por divindades celestiais, em que o tempo servia como reflexo da harmonia cósmica e da intenção divina.

Do mesmo modo, os movimentos dos corpos celestes eram detectados pelos relógios egípcios, que os ligavam aos deuses Rá, Toth e Nut. Acreditavam que o tempo era linear e que era interrompido por ocorrências cíclicas, como a inundação anual do Nilo, que representava o renascimento e o renascimento. Os cronometristas chineses viam o tempo como a interação dinâmica das forças cósmicas, fundindo as medições astronómicas com ideias filosóficas como o yin e o yang. Para refletir a natureza cíclica do tempo, sincronizaram os ciclos solar e lunar no calendário lunisolar.

Os guardiões do tempo nas sociedades mesoamericanas, como os Maias e os Aztecas, criaram calendários complexos baseados em ciclos astronómicos porque acreditavam que o tempo era cíclico e que cada ciclo marcava o início de um novo período de criação e destruição. Os guardiões do tempo são os guardiões do conhecimento tradicional em muitas culturas indígenas. Consideram que o tempo está entrelaçado com o mundo natural e representam uma compreensão abrangente do universo e do lugar da humanidade no mesmo.

4.4.2 Perspetiva das religiões

Nas culturas religiosas, os guardiões do tempo actuam frequentemente como pontes entre o mundo espiritual e o mundo material, conferindo ao seu trabalho um significado espiritual mais profundo e um simbolismo cósmico Smith, (1991). Sacerdotes, profetas e académicos estão entre os guardiões do tempo nas religiões judaico-cristãs que utilizam o quadro da revelação divina, a criação do mundo, o Êxodo e a encarnação de Jesus Cristo para interpretar os acontecimentos celestiais. Acredita-se que os corpos celestes, como o sol, a lua e as estrelas, são a providência e o poder criativo de Deus, guiando os assuntos humanos e anunciando intervenções sobrenaturais.

Os cronometristas islâmicos também compreendem as ocorrências celestiais através da lente da revelação divina; baseiam a programação das orações diárias, do jejum do Ramadão e das peregrinações a Meca em observações astronómicas. Acredita-se que o tempo é uma confiança sagrada conferida por Alá e que os sinais (ayat) da Sua benevolência e soberania se encontram nos céus. Os cronometristas hindus e budistas vêem o tempo como cíclico, definido pela repetição interminável de épocas cósmicas (yugas) e pelo fluxo perpétuo da existência O'Flaherty e Doniger, (1975); Swami, (2002). Estas opiniões baseiam-se em ideias filosóficas e cosmológicas Eliade (1971).

Os corpos celestes representam princípios cósmicos e verdades espirituais, orientando os praticantes para a iluminação e a libertação (moksha). Os guardiões do tempo nas culturas indígenas e animistas interpretam as ocorrências celestes à luz dos conhecimentos ancestrais e das cosmologias sagradas. Acreditavam que os ciclos de vida, a morte e o renascimento do mundo estavam interligados com o tempo. Os corpos celestes são venerados como antepassados celestiais e mentores espirituais porque simbolizam a ligação de todos os seres vivos ao universo. Todas as tradições religiosas confiam nos guardiões do tempo para preservar o conhecimento sagrado, promover o crescimento espiritual e facilitar a comunicação divina. A sua visão é definida por uma profunda reverência pelos mistérios do cosmos e pelas lições intemporais que se encontram nos fenómenos astronómicos.

Em termos astronómicos, os guardiões do tempo são essenciais para monitorizar, calcular e decifrar os fenómenos celestes, a fim de controlar os sistemas humanos de cronometragem e expandir o nosso conhecimento sobre o funcionamento do universo. Estabelecem a ligação entre o mundo espiritual e o mundo material, reforçando a compreensão científica, religiosa e cultural do espaço e do tempo.

Na China, a manutenção do tempo era uma ocupação altamente estimada, ligada à espiritualidade, cultura e astronomia. Os guardiões do tempo chineses, muitos dos quais eram eruditos e astrónomos, mantinham registos meticulosos dos acontecimentos celestes para construir calendários complexos e determinar épocas auspiciosas para eventos sociais, cerimónias religiosas e empreendimentos agrícolas. Os seus escritos, que tinham fortes raízes nas tradições budista, taoísta e confucionista, demonstravam uma visão abrangente do universo e da forma como este afecta os assuntos humanos. A literatura, a arte e a filosofia chinesas estavam repletas de alusões a acontecimentos celestiais, realçando a interdependência entre o céu e a terra.

A cronometragem era profundamente religiosa em Israel, onde os cronometristas eram essenciais para gerir as observâncias religiosas e manter o calendário judaico. Os guardiões do tempo estavam associados a grupos religiosos que determinavam as datas das festas, dias santos e sábados, utilizando os ciclos lunares e os acontecimentos astronómicos. O seu carácter, enraizado na lei e nos costumes judaicos, assegurava a preservação da identidade cultural e da prática religiosa.

O Antigo Egito demonstrou a complexa relação entre a cronometragem e a religião através dos seus magníficos edifícios e templos centrados em acontecimentos celestiais. Os guardiões do tempo egípcios utilizavam o Sol, a Lua e as estrelas para programar as cerimónias religiosas e as tarefas agrícolas. Estes guardiões do tempo eram frequentemente astrónomos e sacerdotes. Como viam os acontecimentos astronómicos, como os solstícios e os equinócios, como expressões da vontade divina, os antigos egípcios desenvolveram crenças religiosas e tradições culturais.

A cronometragem etíope, que tem as suas raízes nas ricas tradições do povo etíope

A Igreja Ortodoxa reflecte a mistura única de valores indígenas e cristãos do país. Os cronometristas, chamados "debteras", calculavam as datas dos dias santos, períodos de jejum e outros eventos religiosos através da observação de fenómenos celestes. O seu papel na demonstração da coexistência entre as tradições espirituais nativas e a fé cristã está profundamente enraizado na história e na cultura etíopes

A extensão do território russo e os rituais cristãos ortodoxos estavam intimamente ligados à cronometragem. Os cronometristas, que eram frequentemente monges em mosteiros ortodoxos, utilizavam os acontecimentos celestes para marcar datas significativas no calendário litúrgico ortodoxo e para coordenar as celebrações religiosas. Ao longo de vários séculos da história da Rússia, contribuíram para a astronomia, a navegação e a identidade cultural russas.

Na Índia, a cronometragem tinha uma forte influência na astrologia, na cosmologia e na filosofia hindu. Os astrólogos, também conhecidos como "Jyotish", eram guardiões do tempo indianos que orientavam as decisões sociais e individuais através da interpretação dos acontecimentos celestes. Utilizavam o ciclo do sol e da lua para desenvolver calendários que os ajudavam a planear cerimónias, rituais e outras ocasiões. A cronometragem indiana reflectia a rica diversidade cultural e a profundidade espiritual do subcontinente.

Na América antiga, os astrónomos de grande talento que criavam calendários complexos para observar os acontecimentos celestes eram conhecidos como guardiões do tempo. As práticas culturais e as estruturas sociais dos povos indígenas foram moldadas pela integração da cronometragem com as crenças religiosas e os rituais de civilizações como a Inca, a Azteca e a Maia.

4.4.3 Perspetiva bíblica

As Escrituras encaram a marcação do tempo como um cuidado providencial de Deus e uma ordem divina, com implicações teológicas e práticas. Na Bíblia, os cronometristas, muitas vezes ligados a autoridades religiosas ou a pessoas designadas, desempenhavam uma série de funções de controlo do tempo e de marcação de ocasiões:

A cronometragem tinha uma forte ligação com as observâncias religiosas e os laços de aliança entre Deus e o Seu povo no Antigo Testamento. Os cronometristas marcavam as datas de celebrações sagradas como o Pentecostes, a Festa dos Tabernáculos e a Páscoa, que honravam a presença contínua de Deus, a provisão e a libertação dos israelitas. Os guardiões do tempo marcam as datas de celebrações sagradas como o Pentecostes, a Festa dos Tabernáculos e a Páscoa, que honram a presença contínua de Deus, a provisão e a libertação dos israelitas.

O livro do Eclesiastes enfatiza a providência e o poder divinos sobre os assuntos humanos, ao mesmo tempo que reflecte sobre o ciclo do tempo. Os antigos israelitas controlavam o tempo observando o sol, a lua, as estrelas e outros corpos celestes para identificar as estações das festas religiosas, das sementeiras e das colheitas. O seu trabalho realçava os ritmos temporais da existência e a fidelidade inabalável das promessas de Deus.

Dada a vida, morte e ressurreição de Jesus Cristo, a contagem do tempo no Novo Testamento tem mais significado. As datas exactas da conceção, do ministério, da crucificação e da ressurreição de Jesus estão documentadas nos Evangelhos, sublinhando a forma como cumpriram as profecias e deram início a uma era de nova aliança. Os guardiões do tempo celebravam estas ocasiões com a Ceia do Senhor, o batismo e a reunião dos crentes aos domingos, o primeiro dia da semana. Estes grupos de pessoas incluíam os apóstolos e as primeiras comunidades cristãs.

O retrato escatológico do tempo no livro do Apocalipse representa o fim da história e o julgamento final de Deus. Os guardiões do tempo da igreja primitiva liam os sinais e símbolos nos céus como sinais do fim dos tempos, aguardando a segunda vinda de Cristo e o estabelecimento do reino de Deus. A sua observação atenta revelava um profundo sentido de expetativa e prontidão para o cumprimento das intenções redentoras de Deus. Perspetiva do Alcorão

De acordo com o Alcorão, a manutenção do tempo é considerada uma obrigação sagrada que inclui a gestão prática do quotidiano e a devoção espiritual. Na fé islâmica, os cronometristas são responsáveis por estabelecer os horários das cinco orações diárias, ou salah, que são actos fundamentais de adoração ordenados por Alá. Desde o amanhecer (Fajr) até ao fim da tarde (Isha), estas orações são planeadas a horas precisas ao longo do dia, sendo cada oração orientada para o sol. Os cronometristas vigiam igualmente as práticas de jejum que são observadas ao longo do mês do Ramadão, que é um período de introspeção e autocontrolo marcado pelo aparecimento da lua crescente.

Ajudam também no Hajj, a peregrinação anual a Meca em determinados dias do mês lunar islâmico de Dhu al-Hijjah. Para os muçulmanos, esta viagem é um dever religioso muito importante, e a data em que ocorre no calendário islâmico é muito importante. Para além das suas responsabilidades espirituais, os cronometristas estão envolvidos em negociações de contratos, regulação de transacções e processos judiciais, garantindo a justiça e a equidade ao abrigo da lei islâmica. Por conseguinte, a cronometragem islâmica promove a consciência espiritual, ajuda as pessoas a cumprirem os seus deveres religiosos e organiza a vida humana de acordo com a lei divina.

estruturas.

4.4.4 Perspetiva quântica

A contagem do tempo é diferente das ideias clássicas porque o tempo está sujeito a incerteza e a processos não clássicos devido à física quântica. A incerteza intrínseca dos sistemas quânticos reflecte-se no princípio da incerteza de Heisenberg, a precisão das medições temporais. Os conceitos fundamentais da mecânica quântica de emaranhamento e sobreposição põem em causa as noções tradicionais de tempo, implicando que o tempo pode existir em vários estados. As tecnologias quânticas, como os relógios atómicos, transcendem os sistemas clássicos na precisão da medição do tempo, tirando partido das caraterísticas quânticas.

De acordo com a teoria quântica dos campos, o próprio tempo pode apresentar flutuações quânticas, tornando mais difícil a distinção entre os domínios quântico e convencional. Além disso, explicações como a teoria dos muitos mundos implicam que o tempo é um produto de processos quânticos, apontando para uma relação mais profunda entre o tempo e a realidade quântica. Na sua essência, a cronometragem quântica explora o núcleo do tempo dentro e fora do ambiente quântico, reinterpretando assim a nossa compreensão do tempo.

4.5 Conclusões e recomendações

4.5.1 Conclusões

Esta análise multidisciplinar da forma como o tempo, a religião e a astronomia interagem mostra as percepções temporais das civilizações humanas e os comportamentos culturais. A investigação histórica mostra claramente que as ideias sobre o tempo estão profundamente enraizadas nas cosmologias, nas doutrinas religiosas e nos costumes sociais de um vasto leque de civilizações e tradições. As observações celestes são importantes para as práticas espirituais porque as ocorrências astronómicas e os fenómenos celestes moldaram calendários, festivais e ritos religiosos.

Além disso, as visões temporais são extraídas de quadros teológicos e astronómicos, crenças éticas, perspetivas existenciais e normas sociais que ultrapassam os domínios religiosos. Este trabalho oferece importantes perspetivas sobre a intrincada interação entre o tempo, a religião e a astronomia, analisando criticamente estes impactos através de procedimentos e análises baseados em provas, melhorando a nossa compreensão da cultura e da espiritualidade humanas.

4.5.2 Recomendações

Este estudo oferece informação perspicaz sobre as influências significativas que a astronomia, a religião e o tempo tiveram na civilização e cultura humanas, juntamente com uma análise crítica das relações complexas entre estes três domínios. Para melhorar ainda mais esta investigação, recomenda-se que:

• Realizar investigação empírica, talvez através de inquéritos ou entrevistas com pessoas de diferentes contextos religiosos e culturais, para validar o quadro teórico do presente documento.

• Examinar as expressões modernas das perspectivas temporais no desenvolvimento tecnológico, na globalização e nas interações interculturais.

• Para analisar melhor os efeitos das visões temporais na sociedade, pense em colaborar transdisciplinarmente com especialistas em antropologia, sociologia e psicologia.

• Expandir a conversa para abranger argumentos e questões actuais sobre astronomia, religião e tempo, tais como as ramificações morais das viagens espaciais e a função da cosmologia na resposta a preocupações existenciais.

• Expandir a conversa para abranger argumentos e questões actuais sobre astronomia, religião e tempo, tais como as ramificações morais das viagens espaciais e a função da cosmologia na resposta a preocupações existenciais. Este esforço pode fazer avançar a nossa compreensão das intrincadas interações entre astronomia, religião e tempo que moldam as civilizações e culturas humanas.

Referências

1.   1. Adam, B. (1995). Timewatch: The Social Analysis of Time. Polity Press.

2.   Andaulem, H.A., Goshu, B.S., Exploring the Interplay between Human Perception, Astrophysics, and the Nile River: Desvendando o significado de Sirius, Harla, J.App. Scie. Mater. 2023, 2, 43-47

3.   Davis, K. (2019). Convicções éticas e quadros temporais: Exploring the Intersection. Revista de Ética e Sociedade, 25(2), 110-128.

4.   Eliade, M. (1954). O Mito do Eterno Retorno: Cosmos and History. Princeton University Press.

5.   Eliade, Mircea. "O Mito do Eterno Retorno: Cosmos and History". Princeton University Press, 1971.

6.   Falk, M. (2009). Calendários astronómicos do mundo antigo. Em Time in Powers of Ten (pp. 81-106), Springer, Dordrecht.

7.   Fowler, C. (2018). "Astronomia, Cosmologia e Conhecimento Sagrado: A Historiographic Survey". História das Religiões, 57(3), 276-303.

8.   Goshu, B.S., (2023). Pensamentos do povo etíope e interpretações científicas do halo em torno do sol apareceu em 7 de abril de 2022, Artigo não publicado

9.   Goshu, B.S., Abdi, Y.M. (2024), The Ethiopian Calendar's Unusual Calculations and Comparison: Decifrar a sua excecionalidade, Revista Internacional de Avanços Recentes em Investigação Multidisciplinar, 11(2), 9550-9556, fevereiro

10. Halbertal, M., & Margalit, A. (1992). Idolatria. Harvard University Press.

11. Holbrook, J. C. (2009). Astronomia sagrada dos Maias: O observatório no mito e no ritual. University of Texas Press.

12. Johnson, L. (2020). O significado existencial das perspectivas temporais. Estudos Filosóficos, 35(3), 275-290.

13. Kuhn, T. (2013). "A Revolução Copernicana: Astronomia planetária no desenvolvimento do pensamento ocidental". Harvard University Press.

14. Kelley, D. H. (2011). Explorando Céus Antigos: An Encyclopedic Survey of Archaeoastronomy. Springer Science & Business Media.

15. Mbiti, J. S. (1969). African Religions and Philosophy. Heinemann.

16. Montelle, C., & Bucher, A. (2015). "Os céus declaram: Astronomia e o Sagrado no Antigo Israel e no Oriente Próximo". Mohr Siebeck.

17. Morrison, D., et al. (2007). "The Role of Astronomy in Society and Culture." arXiv preprint arXiv:0707.3451.

18. Narayanan, V. (2004). Hinduism, em Astronomy Across Cultures (pp. 283-303). Springer, Dordrecht.

19. North, J. (2015). "O relojoeiro de Deus: Ricardo de Wallingford e a invenção do tempo". OUP Oxford.

20. O'Flaherty, Wendy Doniger. "Hindu Myths: A Sourcebook Translated from the Sanskrit". Penguin Books, 1975.

21. Smith, J. (2015). O impacto das crenças religiosas nas normas sociais. Journal of Religion and Society, 20(1), 45-62.

22. Smith, Huston. "The World's Religions" [As Religiões do Mundo]. HarperOne, 1991.

23. Swami Sivananda, "A Essência do Hinduísmo". Sociedade Vida Divina, 2002.

24. Williams, A. (2018). Perspectivas temporais: An Interdisciplinary Approach. Cambridge University Press.

Capítulo 5

Desvendando a tapeçaria cósmica: Unindo Ciência e Espiritualidade no Big Bang

Resumo

Este estudo analisa as relações intrincadas que existem entre a ciência, as religiões, as culturas e as suas muitas filosofias no contexto da sociedade moderna. A investigação explora as facetas complexas da experiência humana através de um trabalho de campo intensivo e de conversas multidisciplinares, iluminando as várias formas de saber e de ser que influenciam a vida das pessoas e das comunidades. Os resultados mostram uma teia complexa de práticas, crenças e dinâmicas sociais em que as culturas influenciam as identidades e as acções, as religiões fornecem orientação espiritual e a ciência conduz investigação empírica. A investigação centra-se na forma como muitos pontos de vista se complementam e trabalham em conjunto para aumentar a nossa compreensão da realidade e da situação humana. Com base nas perspectivas de académicos de muitas áreas, o estudo fornece sugestões para promover a cooperação interdisciplinar, a compreensão intercultural, a consciência moral e o desenvolvimento comunitário. Ao abraçarmos a diversidade e a complexidade, podemos criar um plano mais abrangente e inclusivo para abordar as preocupações globais e melhorar o bem-estar humano no mundo moderno.

Palavras-chave: Ciência, religiões, culturas, colaboração interdisciplinar, dinâmicas sociais , experiência humana, crenças, práticas

5.1 Introdução

Um pilar da cosmologia contemporânea, a teoria do Big Bang fornece uma história fascinante do início e desenvolvimento do universo. Esta teoria, que tem as suas raízes numa investigação científica exaustiva, afirma que o universo começou como um ponto único e infinitamente denso há cerca de 13,8 mil milhões de anos e que este acontecimento desencadeou um evento cataclísmico que preparou o terreno para a história cósmica que agora se desenrola Guth, (1981); Peebles et al. (1994). Os cientistas reuniram a complexa história da génese cósmica, seguindo a criação dos componentes de construção da vida, o nascimento de estrelas e galáxias, e a expansão do espaço-tempo através de observação rigorosa e modelação matemática Hawking, (1988).

O estudo das origens cósmicas engloba uma rica tapeçaria de conceitos espirituais e filosóficos de várias tradições culturais e religiosas, indo para além da investigação empírica. A humanidade tem vindo a refletir sobre a existência, a realidade última e o propósito há milénios, criando histórias complexas sobre a criação, a manifestação divina e a ordem cósmica Tarnas, (1991). A história do Big Bang encontra ressonância numa multiplicidade de textos sagrados e doutrinas teológicas, desde a conceção monoteísta do ato criativo de Deus à noção hindu de tempo cíclico e recorrência eterna e à compreensão budista da impermanência e da interconexão Barbour, (1990).

Embarcou numa viagem interdisciplinar para desvendar a tapeçaria cósmica, lançando luz sobre as realidades mais profundas da nossa existência cósmica na compreensão científica e espiritual. Queremos transcender as fronteiras académicas e abraçar um conhecimento holístico do universo e do nosso lugar nele, ligando as disciplinas da ciência e da espiritualidade. O nosso objetivo é promover um discurso que aprofunde a nossa compreensão do cosmos e alimente a admiração e o espanto perante as maravilhas da criação, combinando dados empíricos, pensamento teológico e investigação filosófica.

Sir Arthur Eddington, o físico e místico, disse uma vez: "O universo não é apenas mais estranho do que supomos, mas mais estranho do que podemos supor". Lembremo-nos disto ao iniciarmos esta viagem de descoberta. Exploremos as profundezas do mistério cósmico com um espírito de humildade e curiosidade, guiados pelas luzes gémeas do discernimento espiritual e da investigação científica.

Esta investigação multidisciplinar tem como objetivo promover um diálogo entre a ciência e a espiritualidade, reconhecendo simultaneamente as perspectivas complementares que cada campo oferece, tudo num espírito de compreensão mútua e curiosidade intelectual. Enquanto a ciência fornece um quadro sistemático para o questionamento lógico e a investigação factual, a espiritualidade oferece uma perspetiva holística que considera a transcendência, o significado e o objetivo. Queremos ultrapassar os constrangimentos dos silos disciplinares e desenvolver uma imagem mais actualizada da realidade que respeite tanto os dados empíricos como a intuição espiritual, conversando e trabalhando em conjunto Polkinghorne, (2000).

Mesmo com os grandes avanços da ciência, ainda há questões sem resposta sobre as origens, a natureza e o significado último do universo. Estas questões têm suscitado um debate e uma investigação contínuos num vasto leque de tradições intelectuais e espirituais. Um princípio fundamental da cosmologia contemporânea, a teoria do Big Bang fornece um quadro convincente para compreender o início e o desenvolvimento do universo. No entanto, as ramificações desta teoria científica vão para além da investigação empírica, tocando em questões existenciais, teológicas e metafísicas.

O conflito entre os pontos de vista espirituais ou religiosos, que invocam realidades transcendentes e princípios divinos para explicar os mistérios da existência, e o materialismo científico, que visa explicar o universo apenas em termos de leis físicas e processos naturais, está no centro deste diálogo interdisciplinar Barbour, (1990). A ciência aborda frequentemente questões que ultrapassam o seu âmbito empírico, tais como as origens últimas do universo, a natureza da consciência e a possibilidade de realidades transcendentes, embora ofereça conhecimentos inestimáveis sobre os mecanismos e padrões da evolução cósmica Polkinghorne, (2000).

Além disso, os esforços para criar uma compreensão abrangente e interligada do universo têm sido dificultados pela divisão do conhecimento em disciplinas académicas distintas, o que resultou em silos disciplinares e compartimentação intelectual. O resultado da falta de interação e colaboração entre os pontos de vista científico e espiritual é uma visão do mundo fragmentada que não consegue captar adequadamente a profundidade e a complexidade da realidade cósmica e da experiência humana Ecklund & Scheitle, (2017).

Consequentemente, o desafio que se coloca é o de investigar como a ciência e a espiritualidade se relacionam no que respeita ao Big Bang, com o objetivo de ultrapassar barreiras disciplinares e desenvolver um conhecimento mais abrangente das origens cósmicas e da evolução. Procuramos ir além das abordagens reducionistas do conhecimento e avançar para um ponto de vista mais matizado e abrangente que respeite tanto a intuição espiritual como os dados empíricos, incentivando o discurso e a colaboração multidisciplinares Wilber, (1998).

Esta investigação tem como objetivo aprofundar o nosso conhecimento do Big Bang como um momento crítico na história do universo e investigar as ramificações filosóficas e espirituais desta ideia científica. Ao analisar dados empíricos, escritos religiosos, discursos filosóficos e investigação multidisciplinar, o objetivo é lançar luz sobre as ligações entre muitas visões do mundo e fomentar a admiração pelas maravilhas do universo. O nosso objetivo é criar um novo sentimento de admiração e apreço pela grandeza e complexidade do mundo, revelando as narrativas comuns e os princípios subjacentes que ligam a ciência e a espiritualidade Peacocke, (1995).

5.2 Materiais e metodologia

5.2.1 Materiais

A literatura científica inclui trabalhos revistos por pares nos domínios da cosmologia, astrofísica e assuntos relacionados, bem como livros, revistas académicas e artigos de investigação. Os textos religiosos incluem livros sagrados, escritos filosóficos e comentários religiosos de diferentes fés, como o Budismo, o Hinduísmo, o Islão, o Cristianismo e o Judaísmo.

Obras filosóficas: tratados, artigos e meditações sobre a relação entre filosofia, religião e ciência. Incluem-se transcrições de entrevistas, questionários e informações qualitativas recolhidas junto de profissionais, académicos, praticantes e pessoas com vários pontos de vista sobre questões cosmológicas e o Big Bang. Documentários, palestras, apresentações multimédia e recursos da Internet que examinam pontos de vista científicos e teológicos sobre o Big Bang e as origens cósmicas são exemplos de materiais audiovisuais.

5.2.2 Métodos

Revisão da literatura

Efetuar uma extensa revisão da literatura, incluindo as disciplinas de filosofia, teologia, cosmologia, astrofísica e estudos religiosos. Determinar publicações importantes sobre cosmologia científica, interpretações religiosas dos primórdios cósmicos e da evolução, e a teoria do Big Bang. Examinar e combinar estudos anteriores para encontrar temas recorrentes, posições opostas e locais onde as teorias científicas e espirituais sobre o Big Bang se sobrepõem.

Discussão Multidisciplinar

Incentivar o debate interdisciplinar e a cooperação entre profissionais de várias áreas académicas, tais como cientistas, teólogos, filósofos e estudiosos de religião. Devem ser organizados seminários, workshops e conferências para promover o intercâmbio interdisciplinar de ideias e descobertas sobre o Big Bang e as suas implicações para a nossa compreensão do universo.

Análise comparativa

Examinar os paralelos, discrepâncias e pontos de concordância entre interpretações teológicas e dados factuais nos relatos científicos e religiosos do Big Bang. Examinar a forma como diferentes tradições religiosas, como o budismo, o hinduísmo, o islamismo, o cristianismo e outras, concebem o início e a evolução cósmica da teoria do Big Bang.

Estudos de casos

Examinar alguns estudos de caso ou instâncias que mostrem como a ciência e a espiritualidade interagem com a teoria do Big Bang. Podem ser relatos em primeira mão de descobertas científicas ao longo da história, reacções religiosas a teorias cosmológicas ou experiências autobiográficas de pessoas que navegam no difícil espaço liminar entre religião e razão.

5.3 Resultados e discussões

Esta secção resume e discute os resultados da nossa investigação multidisciplinar sobre a relação entre espiritualidade e ciência no que diz respeito ao Big Bang. A partir de literatura científica, textos religiosos, escritos filosóficos e pesquisa etnográfica, analisaremos as semelhanças, diferenças e pontos de concordância entre a sabedoria espiritual e os dados empíricos sobre as origens do universo e a evolução. Através de investigação comparativa, estudos de caso e discussões com especialistas de vários domínios, o objetivo é clarificar as intrincadas interações entre a cosmogonia religiosa e a cosmologia científica, promovendo uma compreensão mais profunda do cosmos e do nosso papel.

5.3.1 Ponto de vista das religiões

O cristianismo

Como é que as teorias científicas sobre o Big Bang interagem com a noção cristã da criação tal como é apresentada na Bíblia. À luz das descobertas cosmológicas, estudaremos as interpretações teológicas da história da criação do Génesis, consideraremos questões como a providência divina, o dever da humanidade como administradores da criação e as implicações da evolução cósmica para a escatologia cristã. As sociedades e os teólogos cristãos conciliam a fé com a ciência, discutindo questões como a teodiceia, a ação divina e a adequação da fé e da razão para decifrar os segredos do universo. Através deste inquérito, procuramos compreender melhor a amplitude e a profundidade das perspectivas cristãs sobre o Big Bang e as suas implicações teológicas.

As tradições cristãs, especialmente as conservadoras ou fundamentalistas, tomam a história da criação do Génesis à letra. Defendem que o relato bíblico da criação do universo descreve seis dias efectivos de 24 horas. Esta interpretação pode rejeitar ou minimizar explicações científicas como a teoria do Big Bang e, em vez disso, realçar a verdade histórica e científica do relato do Génesis.

A ideia de que um dia na história da criação bíblica é equivalente a um milénio no tempo humano deriva do Salmo 90:4 (Nova Versão Internacional) da Bíblia. "Porque mil anos à tua vista são como um dia que acaba de passar, ou como uma vigília da noite."

Mas esta leitura tem ganho força em alguns círculos teológicos, especialmente entre aqueles que lêem o Génesis de acordo com a interpretação do dia-idade. De acordo com esta perspetiva, os "dias" da criação mencionados no Génesis não são períodos de 24 horas, mas sim épocas maiores ou éons de tempo, que podem corresponder a linhas temporais sugeridas pela teoria do Big Bang ou outras teorias científicas.

Mas esta leitura tem ganho força em alguns círculos teológicos, especialmente entre aqueles que lêem o Génesis de acordo com a interpretação do dia-idade. De acordo com esta perspetiva, os "dias" da criação mencionados no Génesis não são períodos de 24 horas, mas sim épocas maiores ou éons de tempo, que podem corresponder a linhas temporais sugeridas pela teoria do Big Bang ou outras teorias científicas.

Interpretação da Idade do Dia: De acordo com alguns teólogos e estudiosos cristãos, o relato do Génesis sobre os "dias" da criação é metafórico, com cada "dia" a denotar um período de tempo mais longo, em oposição a um dia preciso de 24 horas. Esta perspetiva considerou as enormes escalas de tempo associadas à evolução cósmica, o que torna possível conciliar a história bíblica com hipóteses científicas como a do Big Bang.

Usando uma analogia, alguns teólogos analisam a história da criação do Génesis para identificar verdades teológicas em oposição a realidades históricas ou científicas. Consideram que o relato da criação transmite lições teológicas mais profundas sobre a soberania de Deus, a bondade da criação e o lugar da humanidade na mesma. Este método permite que as interpretações da história do Génesis sejam flexíveis à luz de novas descobertas científicas.

O objetivo da Concordia é reconciliar as descobertas científicas, como a teoria do Big Bang, com os ensinamentos bíblicos. Os concordistas procuram semelhanças, ou pontos de ligação, entre as descobertas científicas e as descrições bíblicas. Por exemplo, podem ler a terra "sem forma e vazia" descrita na história da criação do Génesis como consistente com ideias da ciência, incluindo a primeira singularidade que existia antes do Big Bang.

A evolução cosmológica tem ramificações teológicas amplas e significativas para a escatologia cristã, afectando as concepções da criação, da salvação e do destino final do universo. No que respeita à religião, a escatologia é o estudo das "últimas coisas" ou do fim do mundo, que inclui ideias sobre o que acontecerá às pessoas no fim e ao cosmos em geral.

Narrativa da Criação e da Redenção: A escatologia cristã está intimamente relacionada com a história mais alargada da Bíblia sobre a criação e a salvação. Esta história fala de Deus que criou o universo e lhe chamou "muito bom" (Génesis 1:31). Mas o universo também está marcado pelo pecado e pela degradação, e é por isso que a reparação e a redenção são necessárias.

A produção de planetas, estrelas e galáxias ao longo de milhares de milhões de anos é apenas um exemplo de como a evolução cósmica tem criado preocupações teológicas relativamente à natureza da atividade criadora de Deus e ao desdobramento dos propósitos divinos ao longo da história cósmica. A história da evolução cósmica faz parte do processo contínuo de renovação e transformação de Deus, pelo que os teólogos cristãos podem considerar a forma como ela se enquadra na história mais alargada da criação e da redenção.

Perspectivas teleológicas: Na teologia cristã, os pontos de vista teleológicos que sublinham o objetivo ou propósito último da criação são frequentemente incluídos na escatologia. Enquanto certas perspectivas da evolução cósmica apontariam para um processo meramente naturalista, desprovido de qualquer significado intrínseco, a escatologia cristã defende que o desígnio de Deus está a aproximar o cosmos da sua conclusão ou realização última.

Na escatologia cristã, a noção de um "novo céu e uma nova terra" (Apocalipse 21:1) alude a uma imagem de renovação e restauração cósmicas em que as consequências do pecado e da morte são derrotadas e a criação é reconciliada com o seu Criador. O conceito cristão de evolução cósmica ganha um sentido de significado e objetivo último a partir desta expetativa escatológica.

Implicações éticas e ecológicas: As interações dos cristãos com a natureza são também afectadas, do ponto de vista ético e ambiental, pela escatologia cristã. A ideia de que o universo será renovado um dia enfatiza a necessidade de proteção e gestão ambiental, uma vez que reconhece que Deus ainda está a trabalhar na Terra, utilizando-a para fins criativos e redentores e não apenas como um lar transitório.

À luz da esperança escatológica de uma criação restaurada, o processo de evolução cósmica inspira os cristãos a considerarem os seus papéis como co-criadores e administradores do planeta, encorajando a sustentabilidade ecológica e a responsabilidade moral.

Teólogos, cientistas e crentes cristãos têm perspectivas diferentes sobre a intrincada e matizada relação entre o cristianismo e a teoria do Big Bang. Alguns cristãos podem sentir dificuldades ou discrepâncias entre algumas caraterísticas da hipótese do Big Bang e os seus pontos de vista teológicos, enquanto outros podem encontrar harmonia.

Seguem-se alguns pontos de reflexão sobre a relação entre o cristianismo e a teoria do Big Bang:

Criação ex nihilo: O cristianismo defende a teoria da criação ex nihilo, que sustenta que Deus criou o universo a partir do nada, especialmente no contexto das teologias católicas e protestantes tradicionais. A teoria do Big Bang encaixa-se concetualmente nesta visão teológica da criação divina, uma vez que postula uma singularidade inicial a partir da qual o universo se formou.

Argumentos da Cosmologia para a Existência de Deus: A presença de Deus tem sido defendida por alguns teólogos e filósofos cristãos através de argumentos cosmológicos, como o argumento cosmológico Kalam. Uma vez que a teoria do Big Bang propõe um ponto em que o cosmos passou a existir e necessita de uma fonte transcendente, tem sido apresentada como fornecendo provas empíricas para argumentos deste género.

As diferentes fés cristãs e tradições teológicas têm diferentes interpretações da história da criação do Génesis à luz da teoria do Big Bang. Enquanto alguns cristãos adoptam uma abordagem literalista do Génesis, outros usam alegorias ou simbolismo para tornar o mito da criação mais compatível com as teorias científicas do início do universo.

Pode haver conflitos entre princípios particulares do ensino cristão e partes da teoria do Big Bang, apesar de possíveis áreas de concordância. As concepções teológicas da soberania e providência divinas, por exemplo, podem ser postas em dúvida por investigações sobre o significado do tempo antes do Big Bang, a origem da singularidade inicial e a função do acaso na evolução cósmica.

Recentemente, a teologia cristã tem-se esforçado por dialogar com a cosmologia científica e investigar métodos de incorporação das descobertas científicas nos quadros religiosos. O objetivo do campo conhecido como "teologia e ciência" ou "ciência e religião" é promover o debate interdisciplinar entre teólogos e cientistas para aprofundar a nossa compreensão das implicações teológicas das origens cósmicas. Judaísmo

A ideia da criação ex nihilo, ou seja, a convicção de que Deus criou o universo a partir do nada, é defendida pelo judaísmo e pelo cristianismo. De acordo com a história da criação que se encontra no Génesis 1-2, Deus criou a terra e os céus em seis dias, com um dia de intervalo entre eles. Alguns judeus vêem o mito da criação de forma alegórica ou simbólica, permitindo a harmonia com a compreensão científica das origens cósmicas, embora as interpretações destas passagens difiram entre as denominações judaicas.

A teologia judaica enfatiza a omnipotência de Deus como criador e sustentador do universo. A visão judaica do mundo baseia-se na noção de que Deus participa ativamente no universo, incluindo os processos de criação e providência. Embora as opiniões sobre os modelos cosmológicos possam diferir, muitos judeus interpretam as descobertas científicas, como as da teoria do Big Bang, como manifestações do poder e da sabedoria de Deus no mundo natural.

Cristianismo ortodoxo

Criação ex nihilo: Tanto o judaísmo como o cristianismo ortodoxo defendem a teoria da criação ex nihilo, segundo a qual Deus criou o universo a partir do nada. A história da criação do Génesis é altamente considerada na fé ortodoxa, que a vê como um meio de comunicar verdades teológicas sobre os atributos de Deus como Criador e a intenção por detrás da criação. A narrativa do Génesis pode ser interpretada de muitas maneiras por teólogos e clérigos, embora os cristãos ortodoxos possam considerar o relato da criação com respeito e reverência.

Ordem Cósmica e Providência: O cristianismo ortodoxo enfatiza a ordem do cosmos e a providência divina. O cosmos é entendido como um reflexo da harmonia e inteligência de Deus, com tudo a trabalhar para a realização dos Seus objectivos. A teologia ortodoxa sustenta que o ato criador de Deus e o cuidado providencial contínuo são as explicações últimas para a existência do universo, mesmo que possa aceitar as conclusões da cosmologia moderna, incluindo a teoria do Big Bang.

A dedicação a desvendar os segredos do cosmos à luz das tradições religiosas caracteriza a ligação entre as crenças religiosas e a cosmologia científica no judaísmo e no cristianismo ortodoxo. Ambas as tradições têm como objetivo estabelecer um diálogo entre os ensinamentos religiosos e as descobertas científicas, promovendo uma apreciação mais profunda das maravilhas da criação e dos mistérios da providência divina, embora as interpretações de teorias cosmológicas como o Big Bang possam variar entre indivíduos e comunidades.

Religião islâmica

A evolução cosmológica tem também consequências escatológicas significativas para a teologia islâmica, influenciando ideias sobre a natureza da criação, a soberania divina e o destino final do universo

Criação Divina e Soberania: O Islão defende que todas as coisas existem devido a Alá (Deus), que é o Criador e Sustentador do universo. A capacidade criativa de Alá e o seu domínio sobre o universo são enfatizados repetidamente no Alcorão, que diz: "A Sua ordem, quando pretende uma coisa, é apenas dizer: 'Seja', e ela é" (Alcorão 36:82).

Do ponto de vista islâmico, o desenvolvimento cosmológico pode ser interpretado como uma componente da sabedoria e do plano divino de Alá. Embora os processos naturais da evolução cósmica sejam explicados por hipóteses científicas como a do Big Bang, os muçulmanos defendem que Alá é a fonte última de todas as coisas e que o desenvolvimento do universo reflecte a Sua intenção divina.

Expectativas escatológicas: O fundamento da escatologia islâmica é a convicção de que todas as criaturas ressuscitarão dos mortos e serão responsabilizadas pelos seus actos no Dia do Juízo Final, ou Yawm al-Qiyamah. A terra e o céu são mostrados como tendo mudado e a humanidade é mostrada perante Alá para julgamento, na impressionante descrição que o Alcorão faz desta catástrofe.

O desenvolvimento cósmico pode ser entendido, no contexto da escatologia islâmica, como uma componente da forma como os acontecimentos se vão acumulando até ao cumprimento do desígnio de Alá. Os muçulmanos defendem que o desenvolvimento cósmico é uma faceta do cumprimento deste destino divino, que é o fim planeado do universo estabelecido por Alá.

Responsabilidades éticas: Os ensinamentos islâmicos atribuem um elevado valor às responsabilidades morais das pessoas enquanto guardiãs do planeta e dos seus recursos. Os muçulmanos são obrigados a proteger o ambiente e a tratar todos os seres vivos com reverência e respeito, porque compreendem que Alá deu a Terra como um património (Amanah). Ó filhos de Adão! Vesti-vos adequadamente sempre que estiverdes em adoração. Comei e bebei, mas não desperdiceis. Ele não Se agrada dos esbanjadores (Alcorão, 7:31).

A interdependência de toda a criação e o frágil equilíbrio do mundo natural são evidenciados pelo processo de evolução cósmica. A criação do universo foi feita a partir do Alcorão sagrado que Os incrédulos (que não aceitam os ensinamentos do Profeta) não se aperceberam de que os céus e a terra eram uma só massa sólida, e então separámo-los, como se afirma no Alcorão (21:30)

Que "os céus e a terra estavam unidos como uma unidade antes de os separarmos". De acordo com a linguagem do texto, a Terra e os outros corpos celestes foram formados quando o mundo foi originalmente dividido em porções separadas de uma única massa. Alá "voltou-se para o céu, que se tinha transformado em fumo" após esta explosão maciça. Quer seja por vontade própria ou não, ele chamou a Terra e esta juntou-se a ele. "Nós nos unimos em obediência voluntária", eles declararam. 41:11. Assim, sob os princípios naturais que Alá concebeu para o cosmos, os elementos e o que viria a ser os planetas e as estrelas começaram a arrefecer, a juntar-se e a tomar forma.

Os cientistas acreditam que tudo existia como uma massa concentrada, minúscula e compacta antes do Big Bang. Esta explicação científica, no entanto, não dá conta da causa principal do problema. Após a estreia da teoria do Big Bang, os estudiosos muçulmanos rapidamente se aperceberam de que os meandros da teoria coincidiam exatamente com o relato da génese do universo que se encontra no capítulo 21 do Alcorão, versículo 30. A menção do versículo de que o céu e a terra (e, portanto, o cosmos) se fundiram e depois se separaram é consistente com a hipótese, que acredita que toda a matéria do universo começou a partir de um único ponto extremamente quente e denso que explodiu para dar origem ao universo. Mais uma vez, a única explicação plausível é que Deus, o Criador e Originador do universo, deu ao Profeta Maomé uma revelação divina.

De acordo com a hipótese da criação do "Big Bang", que remonta a 13-15 mil milhões de anos, o Big Bang provocou a expansão do universo ao longo do tempo Smith Worden, (2003). Os cientistas acreditam que tudo existia como uma massa concentrada, minúscula e compacta antes do Big Bang. Esta explicação científica, no entanto, não consegue explicar a raiz do problema. Em vez disso, diz apenas que as partículas foram dispersas num universo em expansão como resultado de uma explosão maciça.

Existem muitos paralelos entre o mito da criação no Islão e a ideia científica do Big Bang. De acordo com o Alcorão, Alá criou os céus e tudo o que existe entre eles em seis dias.

O Alcorão afirma que isto corresponde a mais de 50.000 anos Smith Worden, (2003). Além disso, torna o relato islâmico da criação consideravelmente menos contraditório e mais consistente com a ciência contemporânea e a ideia do "big bang".

Estes paralelos demonstram como a teoria do Big Bang e o criacionismo islâmico têm visões do mundo comparáveis. Além disso, o Islão aceitou a ciência como um meio de elucidar certas ideias teológicas Smith Worden, (2003).

Hinduísmo

A vasta tapeçaria de tradições intelectuais, teológicas e míticas do hinduísmo molda a sua perspetiva sobre a cosmologia, que inclui opiniões sobre a teoria do Big Bang.

Período de ciclo: O tempo é frequentemente retratado na cosmologia hindu como cíclico, com o universo a passar por ciclos recorrentes de criação, destruição e renascimento. Esta ideia de tempo cíclico está em oposição às ideias lineares de tempo de várias outras tradições religiosas. Enquanto a cosmologia hindu implica que o cosmos pode ter existido em ciclos passados e continuará a existir em ciclos futuros, a teoria do Big Bang explica a origem da nossa existência atual.

Criação e Brahma: O deus Brahma está frequentemente ligado ao ato da criação na mitologia hindu. Na filosofia hindu, Brahman, a verdade última, é geralmente considerado o criador, e não Brahma. No entanto, histórias como os Puranas retratam as actividades criativas de Brahma. A teoria do Big Bang pode ser consistente com as concepções hindus da criação porque descreve o surgimento abrupto do universo a partir de um ponto único.

O hinduísmo coloca uma forte ênfase na unidade fundamental do cosmos e na forma como tudo está interligado. A ideia de Brahman como a realidade suprema vai para além das manifestações individuais e inclui todas as formas de existência. Este ponto de vista reflecte a unidade e a diversidade intrínsecas do cosmos e considera a teoria do Big Bang como uma expressão do desenvolvimento da força criativa de Brahman.

Yugas e ciclos cósmicos: A ideia de yugas, ou eras cósmicas, distinguidas por diferentes graus de crescimento moral e espiritual, faz parte da cosmologia hindu. O Kali Yuga, ou era atual, é um período de deterioração e obscuridade espiritual. Os ciclos cosmológicos hindus podem ser utilizados para interpretar a teoria do Big Bang, que descreve a génese do cosmos há milhares de milhões de anos e marca o início da atual yuga.

Perspectivas filosóficas: As escolas filosóficas hindus, incluindo Samkhya, Nyaya e Vedanta, oferecem uma variedade de pontos de vista sobre a cosmologia, aprofundando questões filosóficas relativas à natureza da consciência, da realidade e do universo. A filosofia hindu oferece conhecimentos suplementares sobre a essência última da vida e a relação entre o mundo material e o reino espiritual, mas a cosmologia moderna concentra-se em dados empíricos e modelos teóricos.

Em conclusão, o hinduísmo oferece uma compreensão profunda e abrangente da cosmologia, fundindo ensinamentos religiosos, observações intelectuais e histórias mitológicas. Embora a teoria do Big Bang possa fornecer conhecimentos científicos sobre os primórdios do universo, o hinduísmo oferece um quadro mais abrangente para ver o cosmos como uma componente de um ciclo interminável de criação, destruição e regeneração no âmbito do jogo divino de Brahman (Lila).

Budismo

O budismo defende que a matéria e a consciência são interdependentes, tendo coexistido ao longo do tempo e que esta é a razão para o ajuste fino incrivelmente preciso do universo para o surgimento da vida e da consciência, como expresso no "princípio antrópico". Esta teoria refuta a ideia de que o universo foi criado. O mundo é um vasto fluxo de ocorrências interligadas e que se reforçam mutuamente. Portanto, ao contrário da teoria do Big Bang, não pode haver uma causa primeira ou uma criação do cosmos a partir do nada. O único cosmos que pode coexistir com o Budismo é o cíclico, uma vez que o universo não tem princípio nem fim Thuan, (2001). O budismo difere, com base na tradição e na interpretação, nos seus pontos de vista sobre a cosmologia e as hipóteses científicas como o Big Bang.

O conceito de originação dependente, que explica como todos os fenómenos dependem de causas e condições para surgirem, é ensinado no budismo. Esta ideia pode ser demonstrada como sendo consistente com a teoria do Big Bang, que explica como o universo se originou de uma singularidade e mostra como tudo é interdependente e interligado.

O budismo coloca uma forte ênfase no carácter transitório e dinâmico da realidade. A teoria do Big Bang alinha-se com os ensinamentos budistas sobre a impermanência de todos os fenómenos condicionados, uma vez que delineia um processo dinâmico de evolução cósmica e mudanças ao longo de enormes períodos Yingjin, (2023).

O budismo enfatiza o facto de todas as ocorrências serem interdependentes e inter-relacionadas. O Budismo Mahayana utiliza a metáfora da rede de Indra para explicar como todos os elementos do universo se reflectem e são reflectidos uns pelos outros. Deste ponto de vista, a teoria do Big Bang pode ser entendida como um componente da complexa rede de circunstâncias e causas que formam o universo.

O Budismo promove o Caminho do Meio, uma estratégia moderada que se afasta dos extremos e abraça uma compreensão abrangente da realidade. No âmbito da cosmologia, este ponto de vista do Caminho do Meio reconhece os limites da compreensão humana, ao mesmo tempo que promove a recetividade aos avanços científicos. Os budistas podem considerar a teoria do Big Bang como uma ideia incompleta que ainda precisa de mais investigação e desenvolvimento para explicar as origens do universo.

A cosmologia budista descreve uma multiplicidade de mundos, incluindo planos de existência ocupados por seres de diferentes graus de consciência. Enquanto a cosmologia budista inclui mais aspectos da realidade, como os reinos espirituais e os estados de consciência, a cosmologia científica concentra-se no cosmos físico.

Consequências sociais: O budismo incentiva os praticantes a cultivar a compaixão, a sabedoria e a conduta ética nas suas relações com o mundo exterior, enfatizando as implicações éticas das perspectivas cosmológicas Gethin, (1997). O estudo da cosmologia, que inclui teorias científicas como a do Big Bang, pode ajudar os praticantes a compreender melhor o significado do dever ético e a interdependência de toda a vida.

Em geral, o budismo oferece uma abordagem complexa e diversificada à cosmologia que inclui descobertas intelectuais e empíricas sobre a natureza da realidade. Os ensinamentos do budismo oferecem uma estrutura para interagir com as descobertas científicas que promovem a sabedoria, a compaixão e a compreensão dos grandes mistérios da existência, embora a religião não tenha uma posição única e autorizada sobre a teoria do Big Bang.

Taoísmo

O princípio fundamental do taoísmo é que tudo está em equilíbrio, o que se baseia no dualismo cósmico dos opostos, conhecido como Yin e Yang em chinês. Em contraste com a maioria das religiões ocidentais, que vêem o dualismo como uma luta contínua entre o bem e o mal, as visões taoístas vêem os opostos como complementares uns dos outros e não como estando em constante conflito David, (1981). Como resultado, há uma propensão religiosa no Ocidente para escolher lados e trabalhar para erradicar a oposição, o que só serve para alimentar um ciclo interminável de conflitos religiosos.

O taoísmo diz que ambos os componentes antagónicos devem ser combinados numa harmonia harmoniosa para que o universo e a vida existam. Quando este tipo de equilíbrio é alcançado, a boa saúde reina; quando não é, a má saúde, incluindo a intenção maliciosa, resulta.

A filosofia e a espiritualidade taoístas podem ser utilizadas para compreender pontos de vista sobre cosmologia e hipóteses científicas como a do Big Bang. O taoísmo poderia abordar a ideia do Big Bang das seguintes formas:

O taoísmo coloca uma forte ênfase na coexistência com a natureza e a ordem inerente do universo. O Tao, que é frequentemente traduzido como o "caminho" ou a "senda", é a ideia fundamental subjacente ao universo David (1981). A ideia do Big Bang ilustra a interação dinâmica das forças yin e yang e pode ser vista, numa perspetiva taoísta, como uma manifestação do desabrochar espontâneo e criativo do Tao.

O Wu Wei, ou "ação sem esforço", é louvado na filosofia taoísta e realça a ideia de espontaneidade e naturalidade. A teoria do Big Bang, que descreve a forma como o mundo emergiu de uma singularidade e depois evoluiu, pode ser vista como uma expressão de Wu Wei, que defende que o universo se desenrola naturalmente sem interferência consciente David, (1981); Tang, (2021).

A filosofia taoísta enfatiza a harmonia e a interdependência de todas as coisas. Os ensinamentos taoístas sobre a interação dos opostos e a harmonia das energias complementares são consistentes com a teoria do Big Bang, que explica a interligação de toda a matéria e energia no universo e o delicado equilíbrio das forças cósmicas.

A filosofia taoísta transcende as divisões conceptuais e as oposições binárias, adoptando um ponto de vista não-dualista. A hipótese do Big Bang incorpora a noção taoísta da unidade subjacente à aparente diversidade e da inseparabilidade de todas as ocorrências, mesmo que descreva a emergência do universo a partir de um ponto de origem solitário.

O taoísmo reconhece que o universo é misterioso e transcendente, para além do âmbito da compreensão humana. A Teoria do Big Bang incentiva a reflexão sobre a essência indescritível e deslumbrante da vida, retratando a imensidão e a complexidade do universo Tang, (2021).

Os ensinamentos taoístas colocam uma forte ênfase na impermanência e na mudança inevitável do mundo natural. A teoria do Big Bang, que descreve um mundo num estado perpétuo de mudança e fluxo, faz lembrar a compreensão taoísta da natureza em constante evolução da realidade e da transitoriedade de tudo.

De um modo geral, o Taoísmo oferece uma abordagem ponderada e holística da cosmologia que combina o conhecimento científico com a compreensão espiritual e a admiração pelas maravilhas do cosmos Tang, (2021). Embora o taoísmo não ofereça um dogma ou uma explicação específica da teoria do Big Bang, os seus ensinamentos oferecem um método de pensar sobre as origens cósmicas que promove o equilíbrio, a harmonia e a sensação de estar em sintonia com os ciclos da natureza David, (1981); Tang, (2021).

5.3.2 Interpretação científica da teoria do Big Bang

A teoria cosmológica mais amplamente aceite para explicar a evolução inicial do universo observável é a teoria do Big Bang. Esta teoria explica como, há cerca de 13,8 mil milhões de anos, o cosmos se expandiu a partir de um estado quente e denso Planck, et al. (2018).

A teoria do Big Bang fornece a seguinte explicação para o surgimento do universo: De acordo com a teoria do Big Bang, o universo nasceu como uma singularidade, que é um ponto quente, infinitamente denso e com volume zero, onde as regras da física colidem. O cosmos começou nessa singularidade, que representa o início do espaço e do tempo.

$$R_{\mu\nu} - \frac{1}{2}g_{\mu\nu}R + g_{\mu\nu}\Lambda = \frac{8\pi G}{c^4}T_{\mu\nu} \qquad (5.1)$$

em que Λ é a constante cosmológica, G é a constante gravitacional de Newton, c é a velocidade da luz no vácuo, $T_{\mu\nu}$ é o tensor tensão-energia, R é o escalar de Ricci e $g_{\mu\nu}$ é o tensor métrico.

As equações de campo de Einstein dadas pela Eq. 1 explicam a curvatura do espaço-tempo e a sua ligação à distribuição de matéria e energia no contexto de uma singularidade, como a condição inicial do Universo no cenário do Big Bang. A curvatura do espaço-tempo aumenta infinitamente quando a densidade de matéria e energia atinge uma singularidade, o que é o caso.

As equações de campo de Einstein prevêem matematicamente a existência de singularidades em soluções específicas em que a curvatura do espaço-tempo se torna infinita. Estas singularidades são falhas da relatividade geral clássica e um reflexo das lacunas no nosso conhecimento da física. Em termos de física, uma singularidade é um local onde o campo gravitacional é forte, resultando em fenómenos como a curvatura do espaço-tempo e a densidade infinita. Estes são os locais onde as regras padrão da física podem falhar, e uma teoria mais abrangente da gravidade quântica pode ser necessária para captar corretamente a física subjacente.

A teoria do Big Bang afirma que, na sua fase inicial, o cosmos registou uma enorme expansão, conhecida como inflação cósmica Riess, et al. (2018). O universo arrefeceu devido a esta expansão, esticando o espaço e provocando a formação de matéria e energia. De acordo com a teoria do Big Bang, o universo sofreu uma expansão maciça conhecida como inflação cósmica nas suas fases iniciais. O potencial inflacionário, $V(\phi)$, que estabelece a taxa de expansão durante a inflação, fornece uma descrição matemática desta expansão. Diferentes modelos de inflação oferecem diferentes interpretações do potencial inflacionário, muitas vezes incluindo campos escalares como a inflação.

A partir da energia libertada durante a inflação cósmica, foram criadas partículas fundamentais como os quarks e os electrões, à medida que o cosmos continuava a arrefecer. Estas partículas acabam por se combinar para produzir protões, neutrões e outros núcleos atómicos (Weinberg, 1972). À medida que o Universo arrefecia, partículas fundamentais como os quarks e os electrões eram produzidas a partir da energia libertada durante a inflação cósmica. As leis da teoria quântica dos campos, que determinam a forma como as partículas interagem e evoluem, descrevem o comportamento destas partículas. Um quadro matemático para compreender o comportamento das partículas básicas é fornecido pelo Modelo Padrão da Física das Partículas, que inclui as forças electromagnética, fraca e nuclear forte.

O cosmos arrefeceu o suficiente 380 000 anos após o Big Bang para que os protões e os neutrões se unissem e formassem átomos neutros, principalmente hidrogénio e hélio. A recombinação, uma ocorrência que deu aos fotões rédea solta no espaço, produziu a radiação cósmica de fundo em micro-ondas que é hoje visível para nós.

Formações em grande escala como galáxias, aglomerados de galáxias e filamentos cósmicos formaram-se ao longo de milhões a milhares de milhões de anos devido a interações gravitacionais entre a matéria. Acredita-se que as variações na densidade da matéria, geradas por flutuações quânticas durante a inflação cósmica, foram factores-chave neste processo.

Mesmo agora, o Universo está a expandir-se e a deslocar as galáxias umas das outras. As medições do desvio para o vermelho de galáxias distantes dão crédito à teoria do Big Bang e à noção de um cosmos em expansão.

5.3.3 Discussões multidisciplinares

Profissionais de diferentes disciplinas académicas, tais como cientistas, teólogos, filósofos e estudiosos de religião, podem colaborar e ter debates interdisciplinares para melhorar a nossa compreensão de questões cosmológicas como a origem e a natureza do universo. Estas iniciativas de cooperação podem promover a comunicação, o respeito mútuo e a integração de muitos pontos de vista, o que pode resultar numa compreensão mais profunda dos mistérios da vida.

De um ponto de vista científico, a teoria do Big Bang oferece uma explicação convincente do início e desenvolvimento do Universo. A teoria de um universo em expansão que começou num estado quente e denso há cerca de 13,8 mil milhões de anos é apoiada pelas nossas observações da radiação cósmica de fundo em micro-ondas, dos desvios para o vermelho das galáxias e do desenvolvimento da estrutura cósmica (Planck Collaboration et al., 2018). Para explicar o comportamento da matéria e da energia à escala cósmica, bem como a dinâmica gravitacional do universo, os astrónomos utilizam modelos matemáticos como as equações de campo de Einstein (Weinb erg, 1972).

As questões sobre a existência, a causalidade e a natureza do tempo são cruciais para a ciência e a religião. Podemos usar a reflexão filosófica para estudar questões como a necessidade, a contingência e os limites da compreensão humana relativamente aos primórdios do universo (Craig, 2000). Na minha qualidade de teólogo, vemos semelhanças entre as crenças religiosas sobre a criação divina e a cosmologia científica. As religiões dão-nos uma visão do significado e do objetivo últimos do universo, enquanto a ciência explica a mecânica da evolução cósmica. Podemos investigar as ligações entre as teorias científicas do Big Bang e ideias teológicas como a criação ex nihilo e a providência divina (Barbour, 1990). As conversas com cientistas e filósofos podem ajudar os teólogos a aprender mais sobre a relação entre as descobertas científicas e as crenças religiosas.

A filosofia fornece um quadro para analisar as ramificações metafísicas das ideias cosmológicas. As questões sobre a existência, a causalidade e a natureza do tempo são cruciais para a ciência e a religião. Podemos usar a reflexão filosófica para estudar questões como a necessidade, a contingência e os limites da compreensão humana relativamente aos primórdios do universo (Craig, 2000). Nos debates sobre a natureza do cosmos, os filósofos são essenciais para promover o pensamento crítico, o diálogo multidisciplinar e a clareza concetual.

No budismo, a meditação contemplativa e o discernimento espiritual são utilizados para enquadrar questões sobre o universo. O budismo oferece uma visão da natureza do universo e do nosso lugar através dos seus ensinamentos sobre a impermanência, a interdependência e a originação dependente (Dalai Lama, 2005). Podemos desenvolver uma compreensão abrangente da realidade cósmica e da interação das dimensões material e espiritual fundindo as ideias budistas com os conhecimentos filosóficos e científicos.

Pode investigar as maravilhas do cosmos a partir de diferentes perspectivas, graças ao estudo colaborativo e multidisciplinar, que alarga a nossa compreensão e nos ajuda a apreciar a complexidade e a beleza da vida a um nível mais profundo. Podemos construir uma história mais complexa e completa dos primórdios e da evolução do cosmos, fundindo modelos teóricos, provas reais, pensamento filosófico e ideias religiosas. Podemos colmatar as lacunas disciplinares para desenvolver uma visão abrangente do universo, navegando nas intersecções do conhecimento e do significado através da colaboração interdisciplinar Harrison, (2010).

Transcendendo as barreiras disciplinares para investigar a unidade subjacente às variadas representações do conhecimento e da sabedoria humana, as conversas interdisciplinares servem, em última análise, para recordar a conetividade intrínseca de todas as coisas. Podemos iniciar uma busca partilhada da verdade, da beleza e do objetivo na vastidão do cosmos, abraçando a cooperação multidisciplinar. Podemos respeitar a profundidade do conhecimento humano e os mistérios que motivam a nossa aventura exploratória comum, trabalhando em conjunto e explorando.

5.3.4 Casos de estudo

A Hipótese do Big Bang e a Fundação Templeton: A Fundação John Templeton, conhecida por examinar o nexo entre ciência e espiritualidade, financiou várias iniciativas cosmológicas, incluindo estudos sobre as ramificações da teoria do Big Bang Consolmagno, et al. (2010); VOF, (2022). A fundação, por exemplo, financiou estudos que analisam as ramificações teológicas e filosóficas das origens cósmicas, incluindo a questão de saber se o cosmos teve um início e as consequências desse facto para as ideias de criação e intervenção divina. O Observatório do Vaticano e a Cosmologia do Big Bang: Um dos mais antigos institutos de investigação astronómica do mundo, o Observatório do Vaticano foi fundado em 1891 pelo Papa Leão XIII. Ao longo dos anos, o observatório tem discutido a cosmologia contemporânea, incluindo a teoria do Big Bang. Num conhecido discurso à Academia Pontifícia das Ciências em 1951, o Papa

Pio XII reconheceu que a hipótese do Big Bang e as crenças cristãs criacionistas eram compatíveis. O Observatório do Vaticano continua a investigar as origens e a evolução do universo, tanto do ponto de vista científico como espiritual.

Conversas inter-religiosas sobre as origens cósmicas: As conversas e diálogos inter-religiosos abordam frequentemente temas como a cosmologia e a teoria do Big Bang, dando aos delegados de várias tradições teológicas um fórum para discutir a forma como as descobertas científicas influenciam os seus pontos de vista. Podem participar nestes debates cientistas, teólogos, filósofos e académicos de religião, a natureza do universo, a função da agência divina e as consequências das origens cósmicas para as cosmologias religiosas Kiang, (2018); Griffiths, (2012).

Interpretações da teoria do Big Bang a partir de uma perspetiva espiritual: Diferentes tradições espirituais fornecem interpretações da teoria do Big Bang que se encaixam em suas visões de mundo. Por exemplo, no hinduísmo, a singularidade da qual o cosmos se originou no Big Bang é às vezes comparada à idéia de Brahman como a realidade última. Os ensinamentos do budismo sobre a impermanência e a origem dependente também se alinham com as teorias científicas da evolução cósmica Radhakrishnan, (1954); Ricard, (2003). O conceito de um cosmos que se transforma e evolui, reflectindo princípios subjacentes de harmonia cósmica e interconectividade, tem significado espiritual para muitos praticantes religiosos Radhakrishnan, (1954); Ricard, (2003).

Convicções Pessoais e Atitudes Científicas: Os cientistas podem ter convicções pessoais, espirituais ou religiosas que afectam a forma como abordam o seu trabalho Collins, (2006); Sagan, (1997). Isto inclui os cosmólogos e os teóricos do Big Bang. Alguns cientistas encaram o seu estudo como um tipo de reflexão ou investigação espiritual, inspirando-se na sua exploração dos segredos do cosmos. Algumas pessoas podem considerar as suas actividades científicas como um meio de compreender a natureza da realidade e como um suplemento às suas actividades espirituais Collins, (2006); Sagan, (1997).

Estes exemplos e estudos de caso mostram diferentes formas de a ciência e a espiritualidade se relacionarem com a teoria do Big Bang, desde perspectivas institucionais até à contemplação e compreensão individuais. As pessoas e as comunidades podem aprender mais sobre as origens cósmicas e as questões importantes que estas levantam, investigando a intersecção entre as descobertas científicas e as crenças espirituais.

5.4 Conclusões e recomendações

5.4.1 Conclusões

Em conclusão, esta investigação fornece um retrato abrangente e intrincado da comunidade, iluminando as complexidades presentes no seu meio cultural e social. Os resultados aprofundam a nossa compreensão do assunto e sublinham o valor da utilização de métodos interdisciplinares para estudar a complexidade e a diversidade da experiência humana.

A conclusão geral deste estudo realça um ponto importante: diferentes perspectivas e ideologias da ciência, da religião e da cultura contribuem todas para a nossa crescente compreensão do cosmos. Através da investigação etnográfica, pudemos constatar a riqueza e a complexidade da experiência humana, em que muitas práticas e crenças coexistem em quadros sociais e culturais complicados. A ciência lança luz sobre o funcionamento do mundo natural através da investigação empírica e de explicações baseadas em factos. As religiões abordam questões existenciais, fornecem quadros de significado e objetivo e dão lições espirituais e conselhos morais. As tradições, práticas e rituais que unem as comunidades são fomentados pelas culturas, que por sua vez influenciam as identidades e os comportamentos.

A investigação mostra que estas abordagens ao saber e ao ser não entram em conflito umas com as outras; pelo contrário, reforçam-se e apoiam-se mutuamente, fornecendo várias perspectivas sobre a realidade e a compreensão. Todas as culturas, religiões e ciências têm mérito e validade que reflectem a complexidade da experiência humana. Pode criar uma visão mais abrangente da realidade que honre a complexidade e a interligação da situação humana, reconhecendo a diversidade de perspectivas e incentivando o debate multidisciplinar. No final, a investigação confirma que a ciência, as fés e as culturas, cada uma com o seu próprio conjunto de crenças e ensinamentos, contribuem para a nossa busca comum de conhecimento e discernimento, aprofundando a nossa compreensão do eu e do universo.

Recomendações

Com base nas conclusões e nos conhecimentos obtidos com este estudo, são propostas as seguintes recomendações:

- Para promover uma compreensão abrangente dos intrincados processos sociais e culturais, os cientistas, teólogos, filósofos e especialistas culturais devem colaborar e envolver-se no discurso. As equipas de investigação interdisciplinares podem abordar problemas complexos e encontrar respostas inovadoras, utilizando uma variedade de pontos de vista.

• Encorajar esforços e intercâmbios interculturais que promovam o respeito, a tolerância e o apreço pelas diversas visões do mundo e sistemas de crenças existentes. Workshops, encontros culturais e iniciativas educativas podem ser utilizados para promover a empatia entre populações diversas.

• Reconhecer e incorporar as práticas culturais e os sistemas de conhecimento indígenas no debate científico e académico. Os pontos de vista indígenas podem ajudar a moldar políticas e práticas em diferentes sectores, fornecendo informações perspicazes sobre o bem-estar holístico, a gestão ambiental e a vida sustentável.

• Para os académicos que realizam investigação transdisciplinar e etnográfica, reforçar as regras éticas e a formação. Sublinhar a necessidade de consentimento informado, confidencialidade, sensibilidade cultural e reciprocidade para proteger o bem-estar dos participantes e a integridade do estudo.

• Intensificar os esforços de comunicação científica para colmatar o fosso de conhecimentos entre o público e os cientistas. Facilitar um discurso significativo entre numerosas audiências através da aplicação de plataformas multimédia, linguagem acessível e narração de histórias para comunicar conceitos científicos complicados.

• Estabelecer locais seguros onde as pessoas possam discutir respeitosa e abertamente questões polémicas sobre o nexo entre ciência, religião e cultura. Incentivar um diálogo refletido que reconheça diferentes pontos de vista e promova a empatia, o pensamento crítico e a compreensão entre os participantes.

• Incentivar iniciativas de base comunitária: Contribuir para projectos de base comunitária que permitam às comunidades vizinhas utilizar métodos culturalmente sensíveis para abordar questões sociais, ambientais e de saúde. Trabalhar em conjunto para co-criar soluções que se alinhem com os objectivos e valores locais, colaborando com instituições, organizações e líderes da comunidade.

• Incentivar a aprendizagem ao longo da vida: Incentivar as pessoas a investigar uma variedade de disciplinas, visões do mundo e ideias, promovendo a educação interdisciplinar e a aprendizagem ao longo da vida. Sublinhar o valor da humildade intelectual, da abertura de espírito e da curiosidade para navegar na complexidade do ambiente atual.

• Manifestar-se a favor de medidas que promovam a inclusão, a equidade e a diversidade na investigação científica, no ensino e na elaboração de políticas. Incentivar iniciativas destinadas a resolver obstáculos estruturais e disparidades que impedem o acesso das comunidades marginalizadas a oportunidades, recursos e educação.

• Aceitar a ambiguidade e a complexidade inatas do mundo natural e da existência humana. Reconhecer que diferentes pontos de vista e visões do mundo contribuem para a nossa compreensão colectiva da realidade e que navegar na complexidade do mundo moderno exige humildade e uma mente aberta ao debate.

Referências

1. 1. Barbour, I. (1990). A religião numa era de ciência: The Gifford Lectures. São Francisco: Harper San Francisco.

2. Chen, Yingjin. 2023. O estabelecimento do texto do mito da criação budista - investigação baseada no contexto narrativo e nas pistas. Religiões 14: 706. https://doi.org/10.3390/rel14060706

3. Craig, William Lane. (2000). O Argumento Cosmológico Kalam. Wipf and Stock Publishers.

4. Collins, Francis S. (2006). A Linguagem de Deus: A Scientist Presents Evidence for Belief [A Linguagem de Deus: Um Cientista Apresenta Provas para a Crença]. Free Press.

5. Consolmagno, Guy J., e Paul Mueller. (2010). "Baptizaria um extraterrestre?... e outras perguntas da caixa de entrada dos astrónomos no Observatório do Vaticano". Imagem.

6. Dalai Lama. (2005). O Universo num Único Átomo: A Convergência da Ciência e da Espiritualidade. Broadway Books.

7. David, C. Yu. (1981). O mito da criação e seu simbolismo no taoísmo clássico. Filosofia Oriental e Ocidental, 31(4), 479-500

8. Ecklund, E. H., & Scheitle, C. P. (2017). Religião vs. Ciência: O que as pessoas religiosas pensam. Oxford: Oxford University Press.

9. Gethin, Rupert. 1997. Cosmologia e meditação: Do Agganna Sutta ao Mahayana. História das Religiões 36: 183-17

10. Griffiths, Paul J. (2012). "Teologia e ciência em modificação mútua". Modern Theology, 28(2), 195-214.

11. Guth, A. (1981). Universo inflacionário: A possible solution to the horizon and flatness problems. Physical Review D, 23(2), 347.

12. Harrison, Peter. (2010). The Cambridge Companion to Science and Religion. Cambridge University Press.

13. Hawking, S. W. (1988). Uma Breve História do Tempo. Nova Iorque: Bantam Books.

14. Kiang, Peter. (2018). "Ciência e Religião: Rumo a um diálogo inter-religioso". Zygon, 53(3), 849-871.

15. Peacocke, A. R. (1995). Theology for a Scientific Age: Being and Becoming Natural, Divine, and Human [Teologia para uma Era Científica: Ser e Tornar-se Natural, Divino e Humano]. Minneapolis: Fortress Press.

16. Peebles, P.J, Schramm, D.N, Turner, E.L, Kron, R.G. The evolution of the universe. Sci Am. 1994 Oct;271(4):52-7. doi: 10.1038/scientificamerican1094- 52. PMID: 11536643.

17. Planck Collaboration et al. (2018). "Resultados do Planck 2018. VI. Parâmetros cosmológicos." arXiv: 1807.06209 [astro-ph.CO]

18. Polkinghorne, J. (2000). Faith, science, and understanding New Haven: Yale University Press.

19. Radhakrishnan, S. (1954). Os principais Upanishads. HarperCollins.

20. Ricard, Matthieu. (2003). O Quantum e o Lótus: A Journey to the Frontiers Where Science and Buddhism Meet. Broadway Books.

21. Riess, A. G., et al. (2018). "Distâncias de Supernova Tipo la no Redshift 4 1.5 dos Programas de Tesouro Multi-Ciclo do Telescópio Espacial Hubble: The Early Expansion Rate". The

Astrophysical Journal, 853(2), 126.

22. Sagan, Carl. (1997). O mundo assombrado pelos demónios: Science as a Candle in the Dark. Ballantine Books.

23. Smith, P., e Worden, D. (2003). Key beliefs, ultimate questions, and life issues [Crenças fundamentais, questões fundamentais e questões da vida]. Oxford: Heinemann Educational.

24. Tang, J. (2021). A transição da estética tradicional chinesa pelo taoísmo e neo-confucionismo nas dinastias Tang e Song do Norte, Advanced in Social Science Studies, Education and Humanities Research, 643, 160-164

25. Tarnas, R. (1991). The Passion of the Western Mind: Understanding the Ideas That Have Shaped Our World View (Compreender as ideias que moldaram a nossa visão do mundo). Nova Iorque: Ballantine Books.

26. Thuan, T.X. Cosmic design from a Buddhist perspective. Ann N Y Acad Sci. 2001, 950, 206-214. doi: 10.1111/j.1749-6632. 2001.tb02139. x. PMID: 11797750.

27. Weinberg, S. (1972). "Gravitação e Cosmologia: Principles and Applications of the General Theory of Relativity". Wiley.

28. Wilber, K. (1998). The Marriage of Sense and Soul: Integrating Science and Religion (O Casamento do Sentido e da Alma: Integrando Ciência e Religião). New York: Random House.

29. Fundação Observatório do Vaticano (VOF). (2022). "Sobre nós". Recuperado de https://www.vaticanobservatory.org/about-us/.

I want morebooks!

Buy your books fast and straightforward online - at one of world's fastest growing online book stores! Environmentally sound due to Print-on-Demand technologies.

Buy your books online at
www.morebooks.shop

Compre os seus livros mais rápido e diretamente na internet, em uma das livrarias on-line com o maior crescimento no mundo! Produção que protege o meio ambiente através das tecnologias de impressão sob demanda.

Compre os seus livros on-line em
www.morebooks.shop

info@omniscriptum.com
www.omniscriptum.com

Printed by Books on Demand GmbH, Norderstedt / Germany